今知りたい
パソコンガイド

「PCパーツの"読み方"」から「故障対策」まで

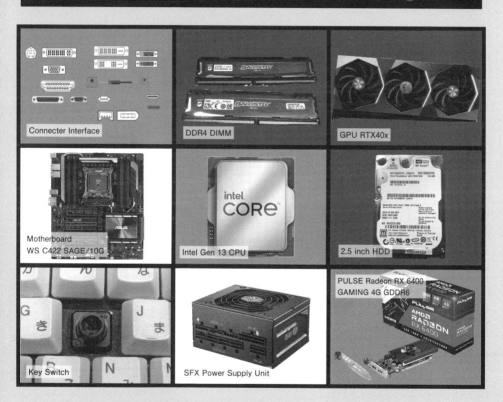

Connecter Interface

DDR4 DIMM

GPU RTX40x

Motherboard
WS C422 SAGE/10G

Intel Gen 13 CPU

2.5 inch HDD

Key Switch

SFX Power Supply Unit

PULSE Radeon RX 6400
GAMING 4G GDDR6

はじめに

　間違いやすい「呼称」や「略称」は、自作 PC の初心者を悩ませる原因になっています。

　そこで、PC を「組み立て」たり「運用したり」する上で理解しておきたい、パーツの「規格」や「仕様」をまとめました。

*

　また、「PC の故障」は、すべての PC ユーザーが避けたいと願いながらも避けられない宿命の敵です。

　作業中に故障してしまったときなど、一刻も早く復旧させたいものです。

　その場合、何より重要なのは、「故障原因の特定」です。

　故障直後の対応の仕方によっては、原因を特定する前に、故障をさらに悪化させてしまうことも珍しくありません。

*

　本書では、各パーツごとに、ポイントになる部分のチェック、「パソコンの故障した原因を推測する方法」「復旧させるときに気を付けるべき点」「故障したときのための備え」などについて解説しています。

I/O 編集部

今知りたい パソコンガイド
「PCパーツの"読み方"」から「故障対策」まで

CONTENTS

第1章

PCパーツの読み方

　数多くある、PCを「組み立て」たり「運用したり」する上で、理解しておきたい、パーツの「規格」や「仕様」。
　ここでは、各パーツごとに、ポイントになる部分をチェックし、分かりやすく解説します。

1-1 「自作 PC」のパーツ構成

「PC パーツ」を読めるようになると……　　　■ 某吉

「PC パーツ」を扱うためには、「型番」「規格」「仕様」などが、ある程度 "読める" ようにしておくと、「PC パーツ」購入時の強い味方になります。

また、PC が不具合を起こしたときの「トラブル・シューティング」にも役立ちます。

PC パーツの「規格」と「役割」

PC を構成する「パーツ」の「規格」や「役割」について、ざっと触れていきます。

■ CPU (シーピーユー)

「CPU」(Central Processing Unit) は、ソフトウェアを実行するためのチップ。PC の中心になる主要パーツであり、CPU によって PC の性能が大きく左右します。

図 1　インテルの最新 CPU

CPU は最先端の半導体プロセス (製造工程) で作られます。

たとえば、AMD の「Ryzen 5000 シリーズ」(Zen3 アーキテクチャ) は、「7nm」という微細な加工がなされています。

PC 向けの CPU は、「x64」という命令セットに対応したプロセッサで、メーカーは「Intel」か「AMD」になります。

「CPU」と「マザーボード」の結合部分の受側を「ソケット」と呼び、その形状が異なる場合には動作せず、ソケットが同じでも「ファームウェア」

や「チップセット」が未対応であれば、そのCPUはマザーボード上では動きません。

■ GPU(ジーピーユー)

「GPU」（Graphics Processing Unit）は、主に映像処理を行なうチップです。

「GPU」と「グラフィック」を映像出力する回路をもつ外付けカードを「ビデオカード」と呼ますが、他にも「グラフィックカード」などさまざまな呼び方があります。
また、「GPU」が「ビデオカードそのもの」を示すこともあります。

グラフィック機能がないと、画面が表示されず、パソコンが動作しません。
最近の「ビデオカード」は、「PCI Express」（PCIe）接続がほとんどです。

■ メモリ

「メモリ」は、データやプログラムを一時的に記録する装置。
最近では、「DDR」と呼ばれるメモリが主流ですが、末尾の数値が重要で、たとえば「DDR4」と「DDR5」では、「規格」に互換性がありません。注意が必要です。

■ ストレージ

「ストレージ」は、データやプログラムなどを中長期的に保存する装置。

近年、高速アクセス可能な「SSD」が主流になっていますが、ハードディスクも大容量で安価なものが使われます。

「インターフェイス」には、「SATA」と「M.2」があります。「M.2」は内部のインターフェイスが「SATA」と「NVMe」に分かれています。

■ PC ケース

「PC ケース」は、組み立てた PC パーツを格納するための筐体。

　PC はケースが無くても動作しますが、安全のためにもケース内にあるのが好ましいでしょう。

＊

基本、性能とは無関係で、「流用できる可能性が高いパーツ」とも言えます。

　PC ケースの種類によって搭載できるマザーボードのサイズの規格が異なります。
（例として「microATX」など）

■ マザーボード

「マザーボード」は、(a)「CPU」を他の部品と接続するための基板。

　マザーボードには「チップセット」という「CPU」の処理を他の部品に伝送する役割をもつ半導体と、(b) 各部品を接続する「ソケット」や「コネクタ」、(c) 外部と接続する「USB 端子」や「LAN 端子」などの入出力端子が付いています。

図 2　マザーボード「WS C422 SAGE/10G」

　「マザーボード」のサイズは規格化されていて、ATX を標準的なサイズとして、小型 PC 向けに「microATX」や「Mini-ITX」という規格があります。

　「チップセット」は、マザーボードと一体になっているので、変更はできません。
　また、「チップセット」がサポートしていない CPU は、「ソケット」が同じでも動作しません。

■ 電源ユニット

一般家庭向けのコンセントから供給される「交流電圧」から、マザーボードなどが扱いやすい「直流電圧」に変換する装置。

性能が高い「CPU」や「GPU」を使いたい場合は、大容量の電源ユニットにする必要があります。

「小型PC」などは、「電源ユニット」の代わりに専用の「ACアダプタ」を使う場合があります。

「ニュース」の読み方

「PCパーツ」が読めるようになってくると、PCパーツ関連のニュースも理解できるようになります。

*

たとえば、「CPU」は最先端プロセスへの対応が性能向上に欠かせず、Intelは対応に苦戦していること、AMDは台湾の工場に委託して作られていることなど、分かってきます。

「AMD」は、「Ryzen 7000」シリーズでソケットを「AM4」から「AM5」に変更するので、旧来のマザーボードの互換性がなくなり、「AM4」の環境が最終段階に入っていることが分かります。

*

「メモリ」は、「Intel」はすでに「DDR5」への移行が始まっていますが、「DDR4」も平行でサポートする状態で、マザーボードの対応状況次第で、使えるメモリが変わるということが分かってきます。

AMDは、「AM5」で「DDR5」への移行が進む予定です。

1-2 「CPU」を読む

「製品名」から「性能」を理解しよう ■ 英斗恋

「Intel」や「AMD」製 CPU の、「性能」や「特徴」と、「製品名」(型番)
の関係を整理します。

Intel の第 12 世代 CPU

第 13 世代アーキテクチャも発売されましたが、ここでは、すでにこなれ
ている第 12 世代アーキテクチャの高性能 CPU を中心に解説していきます。

■ モバイル用最新 CPU

2022 年 5 月 10 日発表の「Core i9-12900HX」は、新たに **「HX シリーズ」**
として発表された、「モバイル用 CPU」の最上位製品です。

第 12 世代アーキテクチャ、ターボブースト時最大動作周波数 5GHz、性
能コア 8 ＋ 効率コア 8 (計 24 スレッド) と、デスクトップ用 CPU と同等
の※仕様。

> ※ 前製品「Core i9-12900HK」は、デスクトップよりも高性能コアが少
> ない、「性能コア 6 ＋ 効率コア 8」の構成でした。

■ デスクトップ用 CPU

2022 年 3 月 22 日発表の「**Core i9-12900KS**」は、第 12 世代デスクトッ
プ用 CPU の最上位製品です。

ターボブースト時、動作周波数 5.5GHz を達成。
Intel は「世界最速のデスクトップ PC 用プロセッサ」(the world's fastest
desktop processor) としています。

＊

本製品は、「**Core i9-12900K**」のスペシャル・エディション「S」とし

て、基本仕様はそのまま、「ターボ・ブースト時」の周波数（および「ベース・クロック」）を微増したものです。

＊

一方、「12900K」との値差は、$150 程度あり、「最速」周波数という象徴的な意味はあるものの、コスパを考えると用途は限定的でしょう。

図1 「Core i9-12900KS」(Intel) のパッケージ・イメージ
「SPECIAL EDITION UNLOCKED」と書かれている。

AMD の CPU

製造プロセスで先行する「AMD」は、キャッシュ容量増で性能向上を進めています。

■ Ryzen 7 5800X3D

2022 年 3 月発表のデスクトップ用 CPU「Ryzen 7 5800X3D」は、「AMD 3D V-Cache technology」で L3 キャッシュを 96MB に拡大して、平均 15％処理速度を向上、同社では（総合性能として）「世界最速のゲーム用プロセッサ」(the world's fastest PC gaming processor) を謳います。

製品名の特徴

■ 整理された Intel の製品名

「Intel」では、末尾の記号で、新旧製品の継続性と変更点を明確にしています。

「12900」は、基本性能の水準を示し、直近の製品間では、「動作周波数の概略値」「キャッシュ容量」「メモリ転送速度」が同じです。

■「AMD」と「Intel」の比較

「Intel」と「AMD」を比較すると、「Intel」製品のほうが性能を示す数字が大きく、仕様についても、「Intel」の呼称は「AMD」との性能差を見せないように配慮されています。

「AMD」は"コスパ"で明確な優位点あり、性能とともに希望小売価格（通常 SRP<suggested retail price> と表記）も評価するといいでしょう。

表1　Intel/AMD 製品の基本仕様

	Intel				AMD
プロセッサ番号	Core i9-12900K	Core i9-12900KS	Core i9-12900HK	Core i9-12900HX	Ryzen 7 5800X3D
製品系列	第12世代Core i9プロセッサ				Ryzen 7 (Zen 3)
セグメント	デスクトップ		モバイル		デスクトップ、ゲーム
発売開始時期	2021年第4四半期	2022年第1四半期		2022年第2四半期	2022年第2四半期
希望小売価格	$589.00 – $599.00	$739.00 – $749.00	636	606	$449
露光技術	Intel 7 (10nm + SuperFin Technology)				TSMC 7nm FinFET
性能コア数	8		6	8	8
省電力コア数	8				0
スレッド数	24		20	24	16
最大ターボ時周波数	5.2GHz	5.5GHz	5GHz		4.5GHz
性能コアベース周波数	3.2GHz	3.4GHz	3.8GHz	3.6GHz	3.4GHz
キャッシュ	30MB		24MB	30MB	96MB
L2キャッシュ	14MB		N/A		4MB
ベース消費電力	125W	150W	45W	55W	105W
ターボ時消費電力	241W		115W	157W	N/A
最大メモリ	128GB		64GB	128GB	128GB
メモリ種別（最大）	DDR5 4800 MT/s DDR4 3200 MT/s		DDR5 4800 MT/s DDR4 3200 MT/s LPDDR5 5200 MT/s LPDDR4 4267 MT/s	DDR5 4800 MT/s DDR4 3200 MT/s	DDR4 3200 MT/s (2x1R, 2x2R)
最大メモリ帯域	76.8GB/s				N/A
内蔵グラフィック	UHD Graphics 770		Iris Xe	UHD Graphics 770	内蔵せず
ベース周波数	300MHz		N/A		
最大周波数	1.55GHz		1.45GHz	1.55GHz	

性能を決める要素

製品仕様上の各機能、性能をまとめます。

■ プロセス・ルール

IC は、「リソグラフィー」（露光）で、回路を「シリコン・ダイ」に転写し、微細化の限界は光源の波長（および、開口率）で決まります。

IC 製造最大手 TSMC や、Samsung の「7nm」ノード (nodes) では、光源に「EUV」（極端紫外線）を用い、それまで（10nm）よりも細い配線幅を達成。

TSMC に製造委託している AMD は、7nm を前提とした（集積度の高い）アーキテクチャを導入しています。

*

一方、Intel は現行 10nm で 2023 年に 7nm に移行予定ですが、TSMC はすでに 5nm の量産対応ずみ、2022 年第 2 四半期に 3nm の量産対応予定です。

2022 年 1 月の AMD Ryzen 7000 シリーズは 5nm ノードで製造されています。

*

注意点ですが、Intel は 10nm ノードの露光技術を「Intel 7」と呼び、その後「Intel 4」、「Intel 3」、「Intel 20A」が予定されています。

Intel としては、素子の形成技術を考慮しない、配線幅だけの注目を避けたかったようですが、TSMC/AMD と同一ノードと錯覚させかねない呼称は、当初議論を呼びました。

■ 素子の技術革新

配線長では TSMC/AMD の後塵を拝する Intel ですが、素子形成では新技術「SuperFin」を開発、「Super MIM キャパシタ」、「enhanced FinFET

トランジスタ」、「結線メタル層の改良」を行ない、素子の高速動作の優位性をアピールしています。

　素子の技術革新はTSMCも行なっており、高集積度積層技術を「FinFET+」と呼称しています。

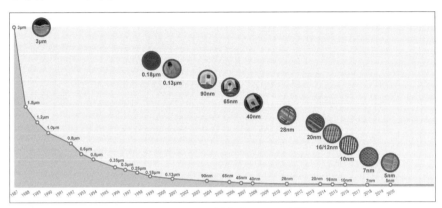

図2　TSMCの製造プロセスの変遷
https://www.tsmc.com/english/dedicatedFoundry/technology/logic/l_5nm

■ パッケージング

　高いグラフィック性能が求められる「ゲームPC」は別ですが、通常のPCでは、「CPU」と「GPU」を1つのICパッケージに収め、実用上充分なマルチメディア性能を達成しています。

　パッケージ内に、「CPU/GPU」など、用途の異なるダイを収めて内部で結線し、広帯域のチャネルを達成しています。

*

　AMDが「Ryzen 7 5800X3D」で採用した「AMD 3D V-Cache technology」は、CPUのL3キャッシュ（後述）をCPUと別ダイにして、より大容量のキャッシュを搭載しており、TSMC/AMDは積層技術でも注目を集めています。

■ コア・アーキテクチャ（世代）

　数年で更新されるCPUコアのアーキテクチャ（基本設計）は「世代」で

区別され、CPU の基本的な能力を測る指標として注目されます。

命令セットの拡張、最大周波数など、CPU コア自体の能力の他、最新の
メモリ規格（DDR5）、拡張 I/F（PCIe 5.0）への対応は、コア・アーキテク
チャによります。

■ 現在の Intel と AMD の世代

Intel の CPU は、モバイル、デスクトップとも、最新の第 12 世代「Alder
Lake」に揃いました。

「AMD」は、必ずしも世代交代でコア・アーキテクチャが刷新されるわ
けではなく、第 4/5 世代とも「Zen 3」アーキテクチャを基本としており、
2022 年 9 月には次世代「Zen 4」が導入された「Ryzen 7000 シリーズ」が
発売されました。

■ コアとスレッド

コア数は、CPU が「物理的に」並列処理するユニット数を表わしますが、
一部エントリーモデル用 CPU 以外では、各コアが 2 つの実行コードを並列
処理でき、OS から見た「同時実行可能数数＝スレッド数」は、コア数より
も多くなります。

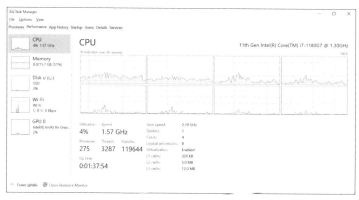

図 3　コア数 4，スレッド数（logical processors）8 の CPU 例
CPU の枠が 8 つあり、それぞれの負荷を表示している。

■ 性能コアと効率コア

「Intel 第 12 世代 CPU」は、性能優先の**「性能コア」**（performance core, P-Core）と、省電力優先の**「効率コア」**（efficiency core, E-Core）の「異種」（heterogeneous）構成で、アイドル時は E-Core で動作し、消費電力の低減をはかります。

「AMD」も、次世代「Zen 4」で採用しています。

■ キャッシュ

CPU の高速、多コア化に伴なう、メモリの読み書き速度（帯域 <bandwidth>）のボトルネック解消のため、キャッシュの大容量化が進んでいます。

アクセス速度と容量は、トレードオフの関係にあり、通常、CPU コアに近いほうから、**L1**、**L2**、**L3** の三段階のキャッシュ構成を取ります。

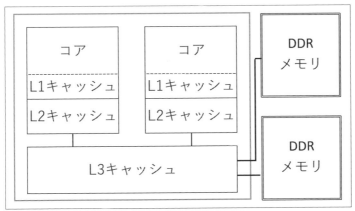

図 4　キャッシュ構成の概念図
「CPU」と「メモリ」は、2 チャンネル接続。

■ オーバークロック

近年の CPU の動作周波数は、「ベース周波数」と、瞬間的にそれ以上の速度で動作する「オーバークロック」の二種類で定義されます。

かつて、オーバークロック時は、システム全体のクロックも上げたため、システムが不安定になることがありましたが、現在はコアのクロックとシステムのクロックが切り離された、「アンロック」(unlock)（日本では「倍率ロックフリー」とも呼称）により、コアの処理速度のみを上げています。

製品の命名規則

「世代」「性能」「機能」で、「製品名」を定義しています。

■ 製品群

「サーバ用」「デスクトップ用」「ノート PC 用」で、「許容放熱量」や「パッケージの大きさ」が異なるため、個別のブランド名が付けられています。

メーカー	Intel	AMD
サーバ	Xeon	EPYC
PC	Core i Pentium、Atom	Ryzen Athlon

デスクトップ製品では、「内蔵コア数」の違いで、同時期の製品を 9、7、5、3 と分類しますが、数字は「ランク」を示すもので、実際の内蔵コア数と関係ありません。

■ 世代数と SKU

Intel、AMD とも、世代数の数字と、性能を示す値「SKU」（現在、Intel は 11xxx-12xxx、AMD は 5xxx-6xxx）が続きます。

「SKU」(stock keeping unit) は本来、生産上のロット番号を表わす呼称

ですが、CPU では性能の目安を数字の大小で示します。

■ Intel の語尾

製品の特徴、用途を示すアルファベットが語尾（suffix）に付き、「Intel」は命名規則を、以下のとおり公表しています。

一部の接尾語は次代遅れですが、今回取り上げた「HX」、「KS」は、規則に沿っています。

表2　Intel の命名規則

接尾語	意　味
G1-G7	グラフィック・レベル （新内蔵グラフィック・テクノロジー）
E	組込機器用
F	別途GPUが必要（GPU非内蔵）
G	GPU内蔵
H	ハイ・パフォーマンス、モバイル用
HK	ハイ・パフォーマンス、モバイル用、 アンロック（倍率ロックフリー）
HQ	ハイ・パフォーマンス、モバイル用、4コア
K	アンロック（倍率フリー）
S	スペシャル・エディション
T	省電力
U	モバイル用、省電力
Y	モバイル用、超省電力
X/XE	アンロック、ハイエンド
B	BGA(ball grid array) ※ピンではなく使用者による交換が 　　不可能なICパッケージ

1-3 「マザーボード」を読む

重要なパソコンの"土台"選び　　　　■ 勝田有一朗

「マザーボード」は、「パソコンの土台」とも呼ばれる、重要な PC パーツです。

ところが、その重要性に反して、「製品の違いが分からない」「どの部分を重視して判断にすればいいのか」など、選び方が今ひとつ分からない人が、多いのではないでしょうか。

「マザーボード選び」は難しい？

■「エントリー」から「ハイエンド」まで、数多くの製品が揃う

最低限「CPU」と「メモリ」がマザーボードに対応していれば、ちゃんと動作するパソコンが出来上がるのですが、無頓着に選んでしまうと、将来、「まさかこんなコトになるとは」と、後悔する可能性がゼロではありません。

そのような失敗を避けるための、マザーボードのスペックの読み方を、ここで紹介します。

絶対に間違えてはいけないポイント

マザーボードは、機能や拡張性うんぬん以前に、そこを間違えるとパソコンとして組み上げられなくなってしまう重要ポイントがあります。

*

特に、次の3点には気を付けましょう。

① 対応 CPU

マザーボード選びで絶対に間違えてはいけない最初のポイントは、対応 CPU の確認です。

21

　これを間違ってしまうと、CPU が取り付けられない、または取り付けられてもパソコンが動きません。

　対応 CPU の判別方法の１つとして、「CPU ソケット規格」が挙げられますが、「CPU ソケット規格」だけでは、対応 CPU の確認としては不十分で、最終的には**マザーボードの対応 CPU リスト**と**対応 BIOS** の確認が重要になります。

　発売初期の BIOS で対応する CPU であれば問題ありませんが、マザーボード発売日よりも新しくリリースされた最新 CPU を購入する時は、特に要注意です。

Web サイトでマザーボードの対応 CPU や対応 BIOS バージョンを確認。
　　↓
購入するマザーボード（店頭現物）に対応 BIOS が最初から入っている。
　　↓
購入して大丈夫！

　以上の確認は怠らないようにしましょう。

　マザーボードによっては、CPU 不要の単独 BIOS アップデートすることで、最新 CPU へ対応できる機能をもつものもあるので、ネット通販など現物を確認できない場合は、念のためそのような機能をもつ製品から選ぶことをお勧めします。

② マザーボードの大きさ

　マザーボードの大きさは、PC ケースと合うように厳密に規格化されており、このような構造の規格を**「フォームファクタ」**と呼びます。

　現在のパソコンで広く用いられている規格は、**「ATX」**です。
　「ATX」から派生した、異なる大きさの規格もいくつかあり、代表的な大きさは次の３つです。

・ATX 　　　… 縦305mm × 横244mm
・Micro-ATX 　… 縦244mm × 横244mm
・Mini-ITX 　　… 縦170mm × 横170mm

PCケースもそれぞれの規格に対応した製品があります。

基本的に"大は小を兼ねる"ので、PCケースよりも小さい規格のマザーボードであれば取り付け可能ですが、逆は無理なので、サイズ選びを間違えないように。

*

なお「ATX」と「Micro-ATX」の主な違いは拡張スロットの数ですが、昨今はビデオカード以外の拡張カード使用機会が減っていることもあり、PCケースの選択肢も広がることから、好んで「Micro-ATX」を選択する人も少なくありません。

③「DDR4 SDRAM」と「DDR5 SDRAM」

現行パソコンで広く用いられているメモリの種類は、「DDR4 SDRAM」と「DDR5 SDRAM」に大別されます。

現在は、「DDR4」から「DDR5」への過渡期にあたり、両規格ともに現行製品として販売されているため、「マザーボード」と「メモリ」の対応をしっかり確認する必要があります。

間違えた組み合わせにすると、もちろん組み立てることができません。

図 1　「PRO Z690-A」（MSI）
「第 12 世代 Core プロセッサ」対応の「DDR5 SDRAM」対応マザーボード

図 2　「PRO Z690-P DDR4」（MSI）
「第 12 世代 Core プロセッサ」は「DDR4 SDRAM」にも対応するので、ほぼ同仕様で「DDR4 SDRAM」対応のマザーボードを展開しているケースも多い。間違えないように注意。

マザーボードのグレードを決める「チップセット」

■ グレード別にラインナップされている

　マザーボードで最も重要なパーツの 1 つが、「チップセット」です。

　各社マザーボードの製品名には、必ずチップセット名が含まれており、どのチップセットを搭載しているか、一目で分かるようになっています。

＊

　Intel、AMD ともに、「チップセット」は "多機能ハイエンド～低コストエントリー向け" まで、いくつかのモデルに分けてラインナップされています。

　ハイエンドから順に、Intel は「Z690/H670/B660/H610」、AMD は「X570/B550/A520」が現行チップセットのラインナップです。

　これらの「チップセット」の選択によって、マザーボードのグレード（価格帯）も大まかに決まります。

図3　「TUF GAMING Z690-PLUS WIFI D4」（ASUS）
ASUS の人気マザーボード「TUF GAMING シリーズ」。チップセット名の「Z690」が名前に含まれる。

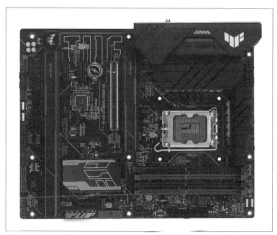

図4　「TUF GAMING B660-PLUS WIFI D4」（ASUS）
同じく「TUF GAMING シリーズ」。チップセットが下位の「B660」だと分かる。

　一例として、Intel 現行チップセットの仕様を**表 1** にまとめています。

表 1　現行 Intel チップセットの仕様

	Z690	H670	B660	H610
CPU オーバークロック	○	-	-	-
メモリーオーバークロック	○	○	○	-
DMI	DMI4.0x8	DMI4.0x8	DMI4.0x4	DMI4.0x4
CPU からの PCI Express 5.0	x16 または x8+x8	x16 または x8+x8	x16	x16
CPU からの PCI Express 4.0	x4	x4	x4	-
PCI Express 4.0 レーン数	12	12	6	-
PCI Experss 3.0 レーン数	16	12	8	8
SATA ポート数	8	8	4	4
USB 3.2 Gen2x2 (20Gbps)	4	2	2	-
USB 3.2 Gen2 (10Gbps)	10	4	4	2
USB3.2 Gen1	10	8	6	4
USB2.0	14	14	12	10
RAID 0,1,5	○	○	-	-

■ いちばん大きな違いは「拡張性」

　チップセットの差としては、オーバークロック対応などの特殊機能もありますが、いちばん大きな違いはやはり拡張性です。

　特にチップセットのもつ「PCI Express レーン数」はマザーボードの「M.2 スロット」や「PCI Express スロット」の数や組み合わせを左右します。

　例として「Z690」と「B660」の典型的な「M.2 スロット」と「PCI Express スロット」の構成を図にしています。

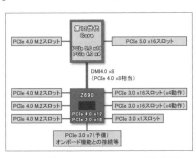

図 5　「Z690」のスロット構成例

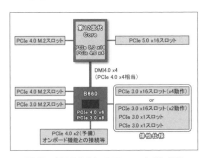

図 6　「B660」のスロット構成例

「Z690」であれば、「M.2 スロット」4 基に「PCI Express スロット」も「x16+x4+x4+x1」と余裕の構成ですが、「B660」では「M.2 スロット」は 3 基（うち 1 基は Gen3 動作）が最大の上に「PCI Express スロット」は「x16+x4」か「x16+x2+x1+x1」の排他仕様になるという、カツカツ仕様になってしまいます。

この余裕さが、最上位チップセットの最上位たる所以で、「M.2 NVMe SSD」をたくさん搭載したいと考えているなら、「Z690」一択となります。

ただ実機のスロット数は、マザーボード製品ごとに異なるので、最終的にはマザーボードの仕様もしっかり確認するようにしましょう。

＊

その他の拡張性の差として、「SATA ポート数」や「10Gbps/20Gbps」対応高速 USB の数なども挙げられます。

昨今「SATA」の使用機会が減っていたり、高速 USB に対応する周辺機器もまだ限られていることから、これらは数が少なくてもさほど困る項目ではありません。

重要視される「VRM」

■ CPU へ供給する電力の電圧変換回路

昨今のマザーボードで特に重要視されてきているのが、「VRM」（Voltage Regulator Module）です。

「VRM」は CPU へ供給する電力の電圧を変換する回路のことで、CPU の消費電力が爆発的に上昇してきたことから、「VRM」の性能に注目が集まるようになりました。

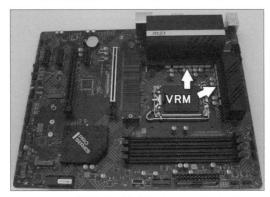

図7 CPUソケット周辺に整然と並ぶ直方体（チョーク）が「VRM」回路の一部。
ヒートシンクの下に心臓部の「MOSFET」と「ドライバIC」がある。

■ 重要なフェーズ数と品質

「VRM」のスペックを見る上で、重要な指標が「フェーズ数」。

フェーズ数は、「VRM」の回路数のことで、フェーズ数が多いほど負荷が分散されて、安定した動作が見込めるという寸法です。

当然、上位グレードのマザーボードほど、「VRM」のフェーズ数は多くなります。

また「VRM」回路自体の品質も重要で、「Dr.MOS」（ドクターモス）という部品を用いているマザーボードは、特に「VRM」の品質に気を使っている製品と言えます。

■ 「VRM」の性能が足らないとどうなる？

「VRM」の性能が足らないとは、稼働中に「VRM」の温度が著しく上昇してしまい、安全機構が働いて、必要な電力をCPUへ供給できなくなってしまう状態を指します。

電力の供給が足らなければ、CPUは動作クロックを下げるしかなく、処理性能が落ちてしまうのです。

　そのような状況を避けるために、「VRM」のフェーズ数を増やし（＝負荷を分散し発熱を抑える）、ヒートシンクで「VRM」を分冷やすように設計されているのが、昨今のマザーボードです。

　ただ、廉価マザーボードの中には「VRM」にヒートシンクも装備していない製品があります。

　そのようなマザーボードは、基本4〜6コアCPU向けで、8コア以上の多コアCPUでは電力供給が追い付かず、CPUの最大性能を発揮できないという報告も相次いでいます。

　多コアCPUを用いる場合、「VRM」にヒートシンクが無いマザーボードは、避けたほうがいいでしょう。

自分なりの基準をもちたい

　その他、同じチップセット同士でも「スロット構成」や「VRM性能」「冷却パーツ」「USBポート数」「Wi-Fiの有無」などで、マザーボードのラインナップは細分化されているので、細かく比較していくと“沼”でもあります。

　そこで自分なりの基準（譲れないポイント、足切りポイント）をもてるようになると、自作PC初心者卒業でしょうか。

　分かりやすいところでは、替えの効きにくい「M.2スロット」の数を基準にしてみるといいと思います。

1-4 「記憶装置」を読む

「メモリ」「ストレージ」の種類　　■ なんやら商会

ここでは PC を構成する部品の 1 つ、「記憶装置」（メモリ）について
解説します。

「記憶装置」（メモリ）の分類

「PC」の構成の中の、「記憶装置」の位置づけを理解しましょう。

■ 主記憶装置（RAM）

「主記憶装置」（一次記憶装置）は、PC の「メイン・バス」などに直接接
続されている記憶装置で、「レイテンシ」や「スループット」が速く、CPU
が直接読み書きできる場所です。

実行するプログラムは、まずここに読み込まれ、CPU によって実行され
ます。

*

昨今の PC では、「ダイナミック RAM」（DRAM）という半導体メモリが
利用されています。

一定時間経つとデータが消失してしまいますが、構造上、集積度が高めら
れるメリットがあります。

その中でも、「システム・バス」に同期して動作する「SDRAM」
（Synchronous Dynamic Random Access Memory）に至り、さらに性能
向上のため、クロックの「立ち上がり / 立ち下がり」の両方を使う「DDR
SDRAM」（Double-Data-Rate SDRAM）が主流となり、発展してきました。

*

最新の「DDR SDRAM」メモリは、「DDR5」と呼ばれるメモリ規格です。

■ 補助記憶装置

「補助記憶装置」（2次記憶装置）は、「外部バス」に接続されるなど比較的 CPU から離れていて、「動作は遅い」が「大容量」という特性がある記憶装置を指します。

電源供給がなくても内容を記録できる特性があり、「OS」などのプログラムや、文書ファイルの保存などに利用します。

＊

ここでは、主に PC に内蔵する「SSD」や「HDD」について解説しますが、広義では各種「リムーバブル・メディア」（SD カードや DVD-R など）も含まれます。

＊

日常的な PC 運用は、内蔵の「SSD」や「HDD」で行なうのが一般的ですが、「OS」のインストールや、軽量な「Linux OS」などの運用は、「USB メモリ」を使い、補助的に利用できるようにもなってきました。

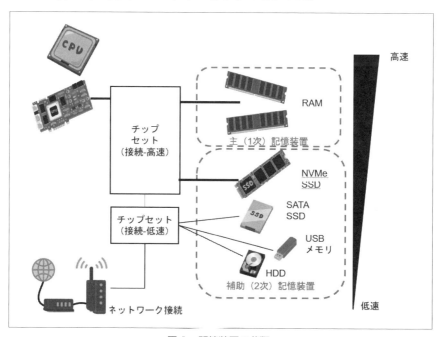

図1　記憶装置の分類

主記憶装置（RAM）

　ここでは、主記憶装置（一次記憶装置）を選択する際、性能に関係する製品規格やキーワードについて解説します。

■ メモリ規格　DDR (x)　PC (x)

　メインメモリの規格です。

　CPU の高速化が進むにつれ、メモリも新たな規格が登場して、性能が向上していきます。

＊

最近利用されているメモリ規格は、以下のとおりです。

表1　最近のメモリ規格

規格	発売	主な対応 CPU
DDR4 SDRAM (PC4)	2014 年～	INTEL 第 6 世代以降 AMD Ryzen シリーズ
DDR5 SDRAM (PC5)	2021 年～	INTEL 第 12 世代 AMD：未対応 次世代より対応予定

　メモリ規格の標記として、「メモリチップ」と「メモリモジュール」の、2 つの規格標記が存在します。

　「**DDR（x）- 周波数**」は、メモリチップ規格で最大動作周波数を表わし、「**PC（x）- 転送速度**」は、モジュール規格で、搭載メモリモジュールとしての転送速度を表わします。

　どちらも、メモリの速度性能にかかわるところで、詳細は後述します。

■ モジュール（ソケット）の「形状」

　一般的な「デスクトップ PC 用」と、「ノートパソコン用」の 2 種類のサイズがあります。

・DIMM (Dual Inline Memory Module)

一般的なデスクトップ PC や自作 PC などで使われます。

図2　DDR4 DIMM

・SO-DIMM (small outline dual in-line memory module)

ノート PC や、省スペース型 PC で使われています。

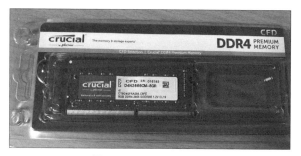

図3　DDR4 SO-DIMM

「DDR(x)」は規格間に互換性がなく、ピン数のほか、端子部分の基板形状も異なっており、他の規格のソケットには挿すことができない形状です。

購入する際には、サイズの違いに注意が必要です。

■ 容量 GB

1枚のメモリの容量です。

大容量のメモリを導入すれば、CPU の作業領域を多く準備でき、快適な操作が期待できますが、メモリが高額です。

表2 販売されているメモリ1枚の容量

規格	販売されているメモリ容量	ボリュームゾーン
DDR4	4〜128GB	8〜32GB
DDR5	8〜32GB	8〜32GB

ボリュームゾーンがメモリ容量当たりの単価が安い。「DDR5」は
発売され間もないため、あまり種類がない。

■ データ転送速度

「DDR4」「DDR5」のメモリ規格の中には、データ転送速度の規格があり、
一般的な事務用途から、ゲーミングPCなど、さまざまな用途に応じた性能
のメモリが販売されています。

　それらを識別するには、前述した「メモリチップ」と「メモリモジュール」
の2つの規格で判別できます。

　「メモリチップ規格」は「チップの最大動作周波数」、「メモリモジュール
規格」は「モジュールと機器間の最大転送速度」を示します。
　呼び方が違っても、同じメモリを指します。

表3　DDR4メモリのデータ転送速度規格標記
JEDEC規格のみ抜粋

チップ規格	モジュール規格	メモリクロック (MHz)	バスクロック (MHz)	転送速度 (GB/秒)
DDR4-1600	PC4-12800	100	800	12.8
DDR4-1866	PC4-14900	116	933	14.9
DDR4-2133	PC4-17000	133	1066	17.0
DDR4-2400	PC4-19200	150	1200	19.2
DDR4-2666	PC4-21333	166	1333	21.3
DDR4-2933	PC4-23466	183	1466	23.4
DDR4-3200	PC4-25600	200	1600	25.6

表4　DDR5メモリのデータ転送速度規格標記
市販されている規格のみ抜粋（筆者調べ）

チップ規格	モジュール規格
DDR5-4000	PC5-32000
DDR5-4800	PC5-38400
DDR5-5200	PC5-41600
DDR5-6000	PC5-48000
DDR5-6400	PC5-51200

■ メモリ・タイミング

「メモリ・タイミング」は、「メモリ・コントローラ」の要求に対して「メモリ」が応答するまでの速度を示し、「CL22」や「22-22-22」のように表記されます。

＊

たとえば、「CL22」であれば、クロック信号22回ぶんの待ち時間が生じることになり、数字が小さいメモリほど高速です。

● XMP

近年の「マザーボード」は、「メモリ・モジュール」の情報を読み取り、「データ転送速度」や「メモリ・タイミング」を自動的に設定し、標準的な仕様で動作する仕組みが用意されています。

しかし、メモリの性能を最大限に引き出すためには、それに合った設定が必要になります。

＊

メモリメーカー独自仕様を採用したオーバークロックメモリの多くは、標準の「SPD」データに加えて、Intelが策定した「XMP」（Extreme Memory Profile）が記録されています。

＊

システム側で「XMP」を有効化すると、自動で「XMP」データに基づく動作設定が適用され、メモリの性能に合わせた設定が簡単にできます。

■ デュアル・チャネル

　同一規格のメモリを 2 枚 1 組で搭載することで、「メモリ」と「ノースブリッジ」間（メモリバス）のデータ転送速度を 2 倍に引き上げる技術です。

　デスクトップ PC（一般的な自作 PC マザーボード）の大半に採用されている技術です。

■ レジスタード、ECC メモリ / アンバッファードメモリ

　「サーバ」や「ワークステーション」用途など、ハイエンド機向けの「メモリモジュール」には、以下の機能をもつメモリがあります。

・[レジスタード（Registered）メモリ]

　大容量のメモリを安定動作させる技術。

　一般的な PC 用は　アンバッファード（Unbuffered）メモリ。

・[ECC メモリ内のデータ破損を検出し修正する技術]

　これらは、対応する PC やマザーボードでないと動作しないため、注意が必要です。

■ メモリ選択のポイント

● 用途に合った容量

　用途に合わせて必要な容量のメモリ購入し、予算を節約しましょう。

　Windows11 で、一般的な事務用途であれば、8GB 以上、ゲーミングであれば 16GB 以上、動画や画像の編集なら 32GB 以上が目安になるでしょう。

● 2 枚 1 組で装着する

　コスパが良い大容量メモリを 1 枚買うより、2 枚 1 組の製品を買ったほうがお得になるときがあります。

さらに、「デュアル・チャネル」も有効になり、パフォーマンスアップが期待できるので、2枚セットのメモリがオススメです。

● CPU やマザーボードの定格に合わせる

「データ転送速度」や「メモリ・タイミング」を高性能にしても、一般的な用途では、体感で分かる差は少なく、「PC のチューニングを試してみたい」「ゲームや動画のエンコード速度を高速化したい」などの明確な目的が無ければ、定格に合わせたメモリで充分です。

補助記憶装置

「SSD」や「HDD」などの「補助記憶装置」（2 次記憶装置）を選ぶ上で、判断材料となる、「規格」「キーワード」ついて解説します。

■ 「SSD」(Solid State Drive)

「SSD」(Solid State Drive、ソリッド・ステート・ドライブ）は、半導体メモリをディスクドライブのように扱う「補助記憶装置」の1つです。

*

従来の「補助記憶装置」と言えば「HDD」、もう少し昔では「FDD」が、コスト / 性能的に定番でした。

しかし、フラッシュメモリが大容量かつ安価に供給されるようになって、「SSD」への置き換えが進みました。

「SSD」は、「HDD」の代替デバイスとして登場し、「2.5 インチ」サイズの HDD と同様、SATA インターフェイス接続のものから供給が始まりました。

「SSD」は高速・大容量に進化していきますが、SATA インターフェイスの転送速度がボトルネックになり、性能を生かし切れていませんでした。

しかし、新たに「M.2」規格が登場し、「SSD」を「PCI-Express」(NVM

Express) で接続できるようになり、転送速度も大幅に向上しました。

＊

　ここからは、① SSD 全体共通のキーワード、② 2.5 インチ SSD、③ M.2 規格対応 SSD の 3 つの観点でのポイントを解説します。

● SSD 共通のキーワード

[容量 (GB)]

　データやファイルを記録できる容量。大きくなればたくさん記録できますが、大容量の SSD は高価です。

[読み込み / 書き込み速度 (MB/s)]

データを読み書きする速度。速い（数値が大きい）ほうが快適な操作が可能。接続するインターフェイスで、発揮できる性能に差が出てきます。

- **SATA**：400MB/s 〜 500MB/s
- **NVMe**：2000MB/s 〜 5000MB/s

[TBW(Total Bytes Written)]

　「SSD」で使われているフラッシュメモリは、構造上、書き込みを繰り返すと素子が劣化し、書き込みができなくなってくる性質をもっています。

　近年は、コントローラの制御により劣化を抑える技術が組み込まれています。
　「TBW」は、その特徴を表わす指標です。

　最大総書き込みバイト数の略称で、大体 TB テラバイト 単位で表記されています。SSD に書き込みできる上限のサイズの目安です。

[eMMC (「embedded Multi Media Card」]

　安価なノート PC やタブレット PC でよく使用される。NAND 型のフラッシュメモリを利用した、内蔵ストレージの規格の 1 つです。

「SSD」よりも小型省電力ですが、転送速度や、容量で劣りかつ、基板上に実装され交換できないという特徴があります。

採用する機種を購入する場合は、この特徴を割り切って使う想定が肝要です。

● 2.5 インチ SSD

[インターフェイス規格 (SATA (x))]

近年は「Serial ATA」という規格で、最新の「SATA 6Gb/s」に対応したものがほとんどです。

古い PC の「HDD」を「SSD」に換装する場合は、マザーボード自体が、以前の「SATA 3Gb/s」にしか対応できてことがあり、カタログどおりのパフォーマンスが出せないこともあります。

しかし、「HDD」から「SSD」の換装であれば、体感速度向上の効果は絶大だと思いますが…。

図4　2.5 インチ SSD

● M.2 (エムドットツー)

「M.2」は、PC の内蔵拡張カードの「フォームファクタ」と「接続端子」について定めた、汎用の規格です。

＊

「ストレージ」は、以下の2種類の接続が可能な仕様で、対応の「SSD」

が販売されています。

・SATA 6Gbp/s
・PCI Express 上の NVM Express（NVMe）

"読み込み速度、書き込み速度（MB/s）"で説明したとおり、「SATA」と「NVMe」は、かなりの性能差があります。

特別な理由がない限り、「NVMe」接続の製品を選んだほうが、操作が快適になります。

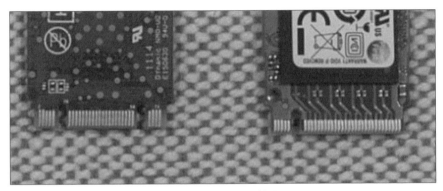

図5　M.2 SSD の端子
右が NVMe　左が SATA
規格により端子の形状が異なります。

接続は、マザーボードの専用スロットへ接続します。

＊

以降は、「M.2 SSD」の規格について解説します。

[サイズ：Type2xxx]

　基板の長さにより、主に3種類の規格のものが販売されています。

type2280	22 × 80
type2260	22 × 60
type2242	22 × 42

　マザーボードの仕様によっては、特定の長さのものしか取り付けられない場合があるので、注意が必要です。

図6　NVMe SSD type 2280

[NVMe インターフェイス速度 (Gen(x) × 4)]

　「NVMe SSD」は、「PCI Express」のどのリビジョン (Gen1 〜 4) に対応しているかで、転送速度が変わります。

　そして、一般的には「PCI Express」のポートのうち、4 レーンを使うため、「x4」と標記します。

■ HDD

　ストレージは「SSD」への置き換えが進んでいますが、価格あたりの保存容量は、「HDD」のほうが圧倒的に優れています。

　「OS」などが頻繁にアクセスするところは「SSD」にして、「動画」などの大容量データを扱ったり、長期保存するような用途には、「HDD」を利用するなど住み分けすると、「HDD」も引き続き活用できると思います。

● サイズ (3.5/2.5 インチ)

　デスクトップ PC では「3.5 インチ」、ノート PC や省スペース PC、リムーバブル HDD では「2.5 インチ」の「HDD」が使われます。

性能は、一般的には「3.5 インチ HDD」のほうが優れています。

図 7 　3.5 インチ HDD

図 8 　2.5 インチ HDD

● インターフェイス (SATA)

「2.5 インチ SSD」の解説と同様ですが、「HDD」は転送速度が遅いため、「SATA」であれば、あまり大差がないと考えます。

● 回転数 (rpm)

「HDD」は「磁気ディスク」（プラッター）を回転させてデータをヘッド
で読み出す仕組みで、回転速度が速いほど、データ転送速度は速くなります。

「3.5インチHDD」では「5400rpm」「7200rpm」の2種類、「2.5インチ
HDD」では「5400rpm」以下のものが多くあります。

● 平均シークタイム (ms)

「磁気ヘッド」がディスク上の目的とする「トラック」に移動するのに要
する時間。短いほど、性能が良いと言えます。

● 容量 (GB)

データ（ファイル）を記録できる容量。

当然、大きな容量のものであればたくさん記録できますが、「SSD」と同
じで大容量のものほど高額になます。

● 書き込み方式 SMR/CMR

近年、HDDの記録密度を高めるため「SMR」（Shingled Magnetic
Recording：瓦記録方式）という技術が採用されたHDDが販売され始めて
います。

技術の特性上、シーケンシャルな書込みは得意ですが、ランダムアクセス
を苦手としており、使い方によっては、「従来型HDD」※よりかなりパフォー
マンスが低下する恐れがあります。

> ※「SMR」対して従来型の記録方式を「CMR」（Conventional Magnetic
> Recording）と呼ぶ。

● キャッシュ

「HDD」の読み取りや書き込み性能を向上させるため、「HDD」にキャッ
シュ・メモリが搭載されていて、小さなファイルを頻繁に読み書きする際に
効果を発揮します。

■ SSD/HDD 選択のポイント

● OS などアクセスが多いドライブには「NVMe SSD」

「NVMe SSD」は、体感で分かるほど、ファイルの読み書きが高速になります。ぜひ導入すべきです。

また、「SATA」の接続と比較すると、接続するためのコードが不要となり、自作 PC ではすっきりとした配線にできるメリットがあります。

● SSD、HDD の使い分け

「SSD」は容量あたりの単価が高いため、「HDD」とうまく使い分けをすることで、快適かつ大容量のデータを保存できるようになります。

＊

最近は、データを「クラウド」に保存する選択肢も増えてきたので、「HDD」の必要性がが、どんどん減っているかもしれません。

表 1　販売されている SSD、HDD の容量
ボリュームゾーンが容量当たりの単価が安い。

規格	主に販売されている容量	ボリュームゾーン
SSD	100GB 〜 1TB	256 〜 512GB
HDD	500GB 〜 20TB	2 〜 8TB

1-5 「I/F」と「ネットワーク」を読む

「拡張性」と「つなぐ技術」 ■ 瀧本往人

コンピュータの面白いところは、「本体」から「外部」に対して、さまざまなつながりや拡張性をもつことができる点にあります。

ここでは、「I/F」（インターフェイス）と「ネットワーク」について、考えてみます。

拡張される I/F 概念

「PCパーツ」における「インターフェイス」とは、「何かと何かをつなぐこと」「そのつなぎ方」「つなぐ機器」などを意味しますが、ワイヤレス化が進む昨今では、これまでよりも、もう少し広い解釈が必要です。

＊

具体的には、無線でつなぐ「ネットワーク」の領域も、「インターフェイス」としてとらえることになるでしょう。

そうすると、「インターフェイス」は、以下の4つの領域をもつことになります。

① ユーザーとのインターフェイス
② ソフトウェア同士のインターフェイス
③ ハードウェア同士のインターフェイス
④ 無線ネットワーク

■ ユーザとの I/F

「ユーザー・インターフェイス」は、一般的には「UI」と略されて用いられています。

「マン・マシン・インターフェイス」や「ヒューマン・インターフェイス」と呼ばれることもあることから分かるように、「PC」と「人間」との間を取りもつ部分を指しています。

　何もないところから考えるならば、「人間」が「PC」に対してプログラミングを行なったり、操作を行なったりする際に介在するものを指します。

＊

　「PC」に指示や入力するための「キーボード」や「マウス」と、それからそのやり取りを「人間」が視覚的に確認できるようにするための「ディスプレイ」などが、「インターフェイス」と言えます。

　この中でも特に、「ディスプレイ」に表示することをもって、「ユーザー・インターフェイス」と言う場合が多いのが現状です。

＊

　操作を視覚的に分かりやすくするために、アイコンを用いたりボタンを用いたり、さまざまな工夫がなされたつくりのことを、「GUI」（グラフィカル・ユーザー・インターフェイス）と呼んでいます。

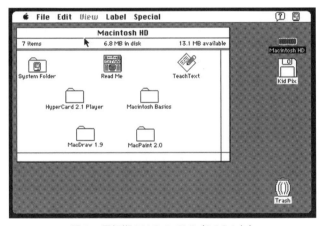

図 1　最初期 MAC の GUI（1984 年）

■ ソフトウェアの I/F

　「ソフトウェア」の「インターフェイス」は、一般的には「API」（アプリケーション・プログラミング・インターフェイス）と呼ばれています。

　物理的なものではなく、「OS」と「プログラム」、「プログラム」と「プログラム」との橋渡しのことを指します。

また、「Web API」というものもあり、ウェブサイトの閲覧と同じ通信方式である「HTTP」によってやり取りを行ないます。

*

多くの「インターフェイス」は、「OS」やプログラミングの言語が異なると動作しませんが、HTTP/HTTPS ベースでは連携できるようになっているのは、この「Web API」のおかげです。

Yahoo や Amazon、Google、Twitter、Facebook などでは、無料の API が用意されています。

ハードウェアのI/F

「ハードウェア」の「インターフェイス」と言った場合、以下の3通りのものが含まれます。

---
① ケーブルのコネクタ形状
② データのフォーマット
③ 送受信の約束事

なお、①については、ケーブルがなく、拡張カードなどを本体の内部のマザーボードに直接装着する場合もあります。

「インターフェイス」と言った場合、厳密には、どこまでが「本体」なのか、という問題は残りますが、何はともあれ「マザーボード」が「土台」であることに変わりありません。

加えて、パソコンが「電子計算機」であるためには、「CPU」とデータの加工や処理をするための作業所として、「メモリ」が不可欠です。

また、データを格納する「HDD/SSD」は「本体」に内蔵されていますが、外付けとして「周辺機器」とすることもできます。

他方、DVD/Blu-ray の「光学ドライブ」については、以前は「本体」に

内蔵されることが多かったのですが、最近では、必要に応じて「周辺機器」として外付けにすることが多くなりました。

■ シリアルATA（SATA）

「HDD/SSD」や「光学ドライブ」をマザーボードにつなぐための「インターフェイス」としては、「SATA」（シリアル・アドバンスト・テクノロジー・アタッチメント）が主に使われています。

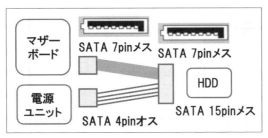

図2　SATAの接続例

以前は「ATA」が用いられていましたが、SSDが市場に出はじめると、データを高速伝送するために、「SATA」が開発されました。

バージョンが1～3まであり、それぞれの転送速度は「1.5Gbps」「3Gbps」「6Gbps」です。

コネクタは、「逆L字型」の形状をしているのが特徴です。

■ PCI Express（PCIE）

3Dゲームを美しく描画するために「グラフィックボード」（ビデオカード）をマザーボードに装着する場合、「拡張ボード」（PCIボード）を使います。

＊

「PCI」は「Peripheral Component Interconnect」の略したものです。

「拡張ボード」のインターフェイスは、以前は「AGP」や「PCI」が用いられましたが、現在は「PCI E」が主流です。

＊

「PCIE」には、差し込みの「ピン数」と「切り込みの位置」（＝レーン数）によって、「x1」「x4」「x8」「x16」の4種類の規格があり、数字が大きくなるにつれ処理能力が上がります。

（グラフィックボードでは、「x16」が多用されている）。

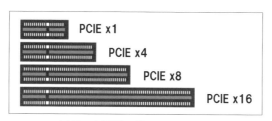

図3　4種類の「PCI Express」

シリアル転送方式を採用しており、データ転送が高速化しています。

以前は「サウンドボード」「インターフェイスボード」「キャプチャボード」「モデムボード」「LANボード」なども装着されていました。

周辺機器の I/F

「本体」におけるインターフェイス以外には、データを入力するための**「キーボード」**や**「マウス」**、データを表示させる**「ディスプレイ」**、データを紙に出力する**「プリンタ」**、音声の入出力を行なう**「マイク」「スピーカー」**など、各種「周辺機器」があり、それぞれに異なるインターフェイスがあります。

表1　主な周辺機器のインターフェイス（新旧）一覧

周辺機器	過去	現在
キーボード マウス	PC/2	USB/Bluetooth
ディスプレイ	DVI/RGB （映像のみ）	HDMI （映像＋音声）
ヘッドフォン マイク スピーカー 映像データ	RCA端子 （赤・白） （黄）	RCA端子/HDMI/USB/ Bluetooth

49

光学ドライブ 外付 HDD 等	IEEE1394 eSATA	USB
プリンタ	シリアルポート パラレルポート	USB/Wi-Fi
通信	赤外線 有線 LAN ポート	Wi-Fi Bluetooth

■「USB」への集約

「USB」（ユニバーサル・シリアル・バス）は、当初は「メモリースティック」のために使われていたにすぎなかったのですが、高速化や給電の実現によって、今やまさしく「ユニバーサル」に利用されるようになりました。

ただし、USB 自体が複数の規格が用途に応じて使い分けられており、複雑化してもいます。

「バージョン 1.0」はすでに使われなくなっていますが、**「2.0」**は現役で、給電機能もついています。

*

端子部分が青色になっているのは**「バージョン 3.0」**で、さらに高速化しています。

また、バージョンとは別に、「Type-A」と「Type-B」は形状が上下で異なるとともに、パソコン側と周辺機器側でも形状が異なっています。

しかし、「mini」と「Micro」の「Type-B(2.0)」との違いは微妙で、「Micro」がわずかに小さいのですが、挿さないと分からないレベルです。

逆に、形状は他とははっきりと異なるのですが、不安定なのが「Micro USB Type-B（3.0）」です。

「Type-C」になってようやく、何も気にせずに挿すことができるようになりました。

*

なお、USB の規格ではありませんが、「USB 3.0」とほぼ同じ機能をもっているのが、Apple 製品で用いられている **「Lightning」** コネクタです。

表2　現在使用されている「USB」インターフェイス

規格	接続先	ピン配列
USB Type-A(2.0)	パソコン	
USB Type-B(2.0)	プリンタ、HDD、光学ドライブ	
mini USB Type-B(2.0)	デジカメ、IC レコーダ	
Micro USB Type-B（2.0）	スマホ、タブレット	
Micro USB Type-B（3.0）	HDD、光学ドライブ	
USB Type-C	パソコン、周辺機器	
Lightning コネクタ	iPhone、iPad	

I/F としての「無線ネットワーク」

以上のように、「インターフェイス」の基本は、直接装着するかケーブルでつなぐか、といった二択でしたが、近年では、「無線」のネットワークをインターフェイスとすることによって、周辺機器が使えるようすることが多くなっています。

最も古くから用いられてきたのは「赤外線通信」で、その次に「Wi-Fi」と「Bluetooth」が続きます。

■ I/F としての「赤外線」

可視光よりも長い波長の電磁波である「赤外線」を使った通信は、1993年に「IrDA」として規格化されました。

　主に、2000 年代の携帯電話が、メールアドレスのやり取りをする際に両者の機器を近づけることで相手に情報を送ることができるため、頻繁に用いられました。

　また、パソコン同士、または、デジカメなどの周辺機器との間でデータの転送をする用途で当初はよく用いられていました。

＊

　今用いられている「Wi-Fi」（＝ワイヤレス・フィデリティ）との大きな違いは、通信可能な距離と接続できる台数です。

　赤外線通信は、わずかな数 10cm という距離しか届かず、しかも、障害物があるとつながりません。

　また、接続できる台数が限られており、基本的には一対一で使用するのが主でした。

　こうした用途としては、「Bluetooth」のほうが伝送速度や応用性があるため、今では使われなくなってしまいました。

I/F としての「Bluetooth」

「Bluetooth」は、無線によるインターフェイスの代表格の 1 つです。
距離にして 10 数 m 内が射程範囲です。

　障害物があっても電波が届き、汎用性が高いにもかかわらず、スマホのように通信料がかからず、電力消費が低く抑えられる工夫がなされている、というのが特徴です。

　ただし、あくまでも通信（転送）速度が抑えられているため、高画質の動画の伝送や数多くのユーザーをつなぐネットワークなどには不向きです。

＊

　また、「ID」や「パスワード」が不要というわけではないものの、実際に

使われるときには、一覧に表示される機器を選ぶだけで「ペアリング」が成立し、その後は起動とともにほぼ自動でつながるという手軽さが、普及の原動力になっています。

　近距離通信規格であるため、主に、データのやり取り（キーボードやマウスなど、パソコンやスマホとその周辺機器）や音声の転送（オーディオ、音声機器）に用いられ、普及が進みました。

＊

　さらに今では、健康・医療器具やウェアラブル機器、さらには IoT 機器、方向探知などにまで、用途が広がっています。

■「Bluetooth」の変遷

　「Bluetooth」が生まれたのは 1999 年で、ヘッドセットや FAX、コードレス電話などが主な用途となっていました。

　その後、2004 年には、「EDR」（エンハンスト・データレート」と呼ばれ、通信速度を改良した**「バージョン 2」**が登場します（それに伴い、これまでの基本形を「BR」**（ベーシック・レート）**と位置づけます）。

＊

　動画にも対応するとともに、プリンタやデジカメなどの周辺機器へのインターフェイスとして用いられるようになりました。

＊

　さらに、2009 年には「バージョン 3」が策定され「HS」（ハイスピード）の仕様が加えられ、高速化と省電力化が目指されました。

　ところが、同年末に早くも「バージョン 4」が登場し、「HS」を進化させずに「LE」（ロー・エナジー）を新たな規格として打ち出し、結果的に「HS」は脇に追いやられます（2021 年終了）。

＊

　「LE」は転送速度を「BR/EDR」の 2 倍にし、電力消費量を半分に抑えることで、スマホと周辺機器との接続が増え、「IoT」需要に対応しました。

*

　2016年に発表された**「バージョン5」**は「LE」の仕様をベースにしつつ通信距離や速度、消費電力の抑制などを実現させ、「Wi-Fi」との違いを明確にしていきます。

　近年は、高音質化によりスピーカーやヘッドフォンなどオーディオストリーミング分野の用途や、健康・医療・福祉関連機器におけるデータ転送などのニーズに応えようとしています

　さらには、測位探知技術を向上させたことから、位置情報サービスとのインターフェイスとしても、今後は用いられることでしょう。

　いずれにせよ「Bluetooth」は今や、パソコンのみならず、タブレット、スマホと周辺機器とのインターフェイスとして、欠かすことのできない規格になっています。

I/Fとしての「Wi-Fi」

　「Bluetooth」は「パーソナルエリア」の「ネットワーク」(＝PAN)の「インターフェイス」ですが、「Wi-Fi」は「ローカルエリア」の「ネットワーク」(LAN)の「インターフェイス」です。

　「Wi-Fi」も「Bluetooth」も「IEEE」(アイトリプルイー)が規格化しています。

表3　「Wi-Fi」と「Bluetooth」との違い

	Wi Fi®	**Bluetooth**®
ネットワーク範囲	ローカルエリア	パーソナルエリア
接続機器数	多数に対応可	1対1、少数対応
IoTへの汎用性	高い	低い
消費電力	多い	少ない
転送速度	速い	遅い

＊

これまで「IEEE」が無線 LAN の規格として「IEEE802.11」シリーズを規格化してきました。

当時はまだ、無線通信の機能はパソコンに内蔵されておらず、LAN カードを装着する必要がありましたが、それでも人気が高まり、無線通信の普及に大きく貢献してきました。

＊

周波数は主に、「2.4GHz 帯」と「5GHz 帯」を使い、バージョンが上がるにつれて、最大伝送速度が上がっていきました。

当初の最大伝送速度はわずか 2Mbps にすぎませんでしたが、その後、改良が重ねられ、現在では高画質動画をストリーミング視聴できるほどになっています。

当初は、「IEEE802.11」の後に「b」「a」「g」といったアルファベットを付加してバージョンの違いを示していましたが、近年では「Wi-Fi4」「Wi-Fi5」「Wi-Fi6」といったように、簡単にバージョンが分かるようなシンプルな表記になりました。

＊

2022 年 9 月から利用開始となった、「Wi-Fi6」(11ax) の次のバージョンである「Wi-Fi6E」は、新たに 6GHz 帯を利用するもので、今後の「Wi-Fi」の命運を握っていると言えます。

次世代の規格である「Wi-Fi7」(11be) も、この流れの延長線上にあり、通信速度の最大値を 30Gbps としていますが、それ以上に、「6GHz」帯の実質的活用こそ、最大の改良ポイントです。

今のところ、2024 年末までに実用化の途をつけようとしています。

もともと、「IoT」の無線通信は、「Bluetooth」を中心と考えられてきましたが、「IoT」の利用範囲が広がり、「PAN」だけではなく「LAN」における今後の活用のために、「Wi-Fi」規格が整備をはじめています。

＊

　パソコンと周辺機器とのインターフェイスは、大きな流れとして見れば、

① 物理的な形状や素材をもつものから、無線電波の周波数や伝送の仕方に規格の内容が変わりつつあり、

② データのやり取りだけでなく給電も行なえるようになってきた

とまとめることができます。

表4　Wi-Fiの性能向上の変遷

	11	11b	11a	11g	11n (Wi-Fi4)	11ac (Wi-Fi5)
策定年	1997年	1999年	1999年	2003年	2009年	2014年
帯域	2.4GHz	2.4GHz	5GHz	2.4GHz	2.4GHz/ 5GHz	5GHz
最高通信速度	2Mbps	11Mbps	54Mbps	54Mbps	600Mbps	9.6Gbps
物理レイヤ	スペクトル拡散	DS/CCK	OFDM	OFDM	MIMO-OFDM	マルチユーザーMINO
MACレイヤ	CSMA/CA	CSMA/CA	CSMA/CA	CSMA/CA	CSMA/CA	CSMA/CA
Wi-Fi	×	○	○	○	○	○

1-6 「GeForce RTX 40」「Radeon RX 7000」

新世代GPU ■ 勝田有一朗

2022年9月20日（現地時間）、NVIDIA主催の最新グラフィックス
& AI技術イベント、「GTC 2022」の基調講演において、NVIDIAの新
世代GPU「GeForce RTX 40シリーズ」の詳細が発表されました。

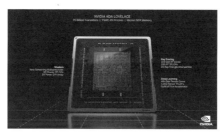

図1　CUDAコア、RTコア、Tensorコア、それぞれが大きく強化された
「GeForce RTX 40シリーズ」（GTC 2022基調講演ビデオより）

2～4倍の性能アップを果たした
「GeForce RTX 40シリーズ」

■ トランジスタ数と動作クロックが大幅に向上

　NVIDIA GPUの新世代アーキテクチャ「Ada Lovelace」を採用する
「GeForce RTX 40シリーズ」は、今回の基調講演において、

- ・GeForce RTX 4090
- ・GeForce RTX 4080(16GB)
- ・GeForce RTX 4080(12GB)

の3モデルが発表されました。

＊

　GPUの製造プロセスには「TSMC 4N」が用いられ、「トランジスタの集
積度」と「動作クロック」が大幅に向上。

　最上位の「GeForce RTX 4090」と前世代最上位「GeForce RTX 3090 ti」
との比較では、**トランジスタ数「約280億→約760億」、ブーストクロック**

「1,860MHz → 2,520MHz」という差になっています。

*

　ただ、GPU 性能の根幹になる「CUDA コア数」は、「**10752 基 → 16384 基**」と約 52% ほどの増加に留まっており、増加したトランジスタ数の多くは、大容量化した「L2 キャッシュ」に割り当てられているものと思われます。

　それでも「CUDA コア増加率×動作クロック向上率」で、「GeForce RTX 3090 ti」に対して約 2 倍の地力アップを達成しています。

「GeForce RTX 40 シリーズ」スペック表

	RTX 4090	RTX 4080(16GB)	RTX 4080(12GB)
アーキテクチャ	Ada Lovelace		
CUDA コア数	16384 基	9728 基	7680 基
ブーストクロック	2520MHz	2510MHz	2610MHz
ベースクロック	2230MHz	2210MHz	2310MHz
標準メモリ構成	24GB GDDR6X	16GB GDDR6X	12GB GDDR6X
メモリバス幅	384bit	256bit	192bit
消費電力	450W	320W	285W
希望小売価格	298,000 円より	219,800 円より	164,800 円より
発売日	2022 年 10 月 12 日	2022 年 11 月	2022 年 11 月

■「レイトレーシング」や「AI」の性能も大幅強化

　「GeForce RTX シリーズ」最大のセールスポイントである「レイトレ」や「AI」の性能も大きく向上。

　レイトレ演算を行なう「RT コア」は第 3 世代に、AI 演算を行なう「Tensor コア」は第 4 世代にパワーアップしています。

*

　レイトレーシング性能は「RT コア数」の増加に加えて、シェーディング処理を効率良い順番に並べ替える「Shader Execution Reordering」や、レンダリング時のデータ量効率化を図る「Micro-Mesh」といった新機能

が実装されます。

＊

　これらの機能は、独自の拡張機能扱いで、ゲームやアプリケーション側の対応が必要となりますが、「レイトレーシング」を用いるゲームの大幅なパフォーマンスアップが期待できます。

● DLSS 3

　そして、「Tensor コア」のゲーム向け用途としていちばん重要とも言える「DLSS」（Deep Learning Super Sampling）が「DLSS 3」へと進化。

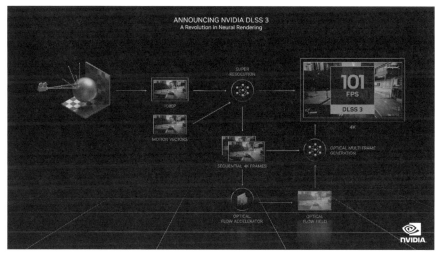

図２　超解像化に加えて中間フレーム生成にも対応する「DLSS 3」
（GTC 2022 基調講演ビデオより）

　従来の「DLSS」は低解像度のレンダリング画面を AI の力で超解像化して高解像度表示と高 fps を両立する技術でした。

　「DLSS 3」では、ついに「中間フレーム」の生成に着手します。

　ゲーム側がレンダリングした２枚のフレームの間に、AI が生成した中間フレームを差し込む。

というもので、単純にフレームレートが２倍に向上します。

「GeForce RTX 40 シリーズ」の「パフォーマンス最大 4 倍アップ」のカラクリが、ここにあります（地力で 2 倍 × DLSS 3 で 2 倍）。

● Optical Flow

「DLSS 3」は、CPU も GPU も使わずに中間フレームを生成するので、特に CPU がボトルネックとなってフレームレートが伸びないゲームに大きな恩恵があるとしています。

＊

ただ、レンダリングされた画像から切り貼りして中間フレームを生成する以上、破綻したフレームが生成されてしまう可能性も否定できません。

そういった状況を極力避けるために、**「Optical Flow」**という新技術が導入されています。

これは、画面内の動きベクトル情報の他に、実際に画面内に映っているオブジェクトは何なのかを分析して、動きベクトルに沿って動かして良いものかどうか判断し、正しくフレーム生成できるようになっているとのことです。

＊

「DLSS 3」はゲーム側の対応が必要となりますが、すでに「Cyberpunk 2077」や「Microsoft Flight Simulator」といった激重ゲームをはじめとする 35 本以上のタイトルが対応を表明。

今後対応タイトルはどんどん増えるでしょう。

＊

今のところ「DLSS 3」は「GeForce RTX 40 シリーズ」の専売特許になっていて、「GeForce RTX 40 シリーズ」の大きなセールスポイントになりそうです。

その他、ビデオエンコーダー **「NVENC」**も第 8 世代に強化され「AV1 コーデック」のエンコードに対応した点が大きなトピックとなります。

■ デカくて高価が最大のネックか

さて、以上のように大きな性能アップと新機能導入で魅力的な GPU に仕上がった「GeForce RTX 40 シリーズ」ですが、**デカくて高価**という点が導入への最大障壁になりそうな気配です。

＊

まず**「大きさ」**について、これはビデオカード自体の大きさのことです。

カード全体の消費電力が**「最大 450W」**に達する「GeForce RTX 4090」には超巨大なヒートシンクが必要で、**実質 4 スロット分の拡張スロット**を占有する製品が大半となるようです。

図3 MSI のハイエンドビデオカード「SUPRIM シリーズ」。
「RTX 4090」は 3.75 スロット、「RTX 4080」は 3.5 スロットを占有するサイズになる。

＊

次いで**「価格」**について、最上位の「GeForce RTX 4090」は**「298,000円より」**、今回発表された中でいちばん安価な「GeForce RTX 4080(12GB)」でも**「164,800円より」**となっています。

円安の影響もありますが、最上位モデルが高価なのは仕方ないとして、一般向けハイエンドに位置するモデルでこの価格は躊躇する人も多いのではないでしょうか。

実際、NVIDIA でも「GeForce RTX 40 シリーズ」はエンスージアストやクリエイター向けの製品に位置付けており、**ミドルゲーマーには従来の「GeForce RTX 30 シリーズ」を推奨**しています。

50% 以上のワットパフォーマンス向上 「Radeon RX 7000 シリーズ」

　さて、NVIDIA のライバルである AMD からも今秋に新世代 GPU 「Radeon RX 7000 シリーズ」が登場予定です。

　執筆時点で多くの情報が未だ明らかにされていませんが、現時点で判明している情報を見ていくことにしましょう。

図 4　2022 年 8 月 29 日に開催されたイベント「AMD Premiere: together we advance_PCs」にて、リファレンスカードの一部シルエットが公開された「Radeon RX 7000 シリーズ」(AMD Premiere: together we advance_PCs より)

■ 50% 以上の「ワット・パフォーマンス向上」を果たす「RDNA3」アーキテクチャ

　「Radeon RX 7000 シリーズ」の GPU コードネーム「Navi 3x」は、AMD の新世代 GPU アーキテクチャ「RDNA 3」を採用した GPU です。

　「RDNA 3」は、TSMC 5nm プロセスで製造され、従来の「RDNA 2」と比較して 50% 以上の「ワット・パフォーマンス」向上を達成しているとのこと。

＊

その他にも、

・アドバンスド・チップレット・パッケージング

・再設計された「Compute Unit」

・最適化された「グラフィックス・パイプライン」

・次世代「Infinity Cache」

といった特徴をもちます。

第 2 章

知っておきたい PC 知識

　　PC には、数々の専門用語や、パーツ選びのポイントがあります。

　　ここでは、用語解説や気を付けておきたい注意点などを解説します。

2-1 知っておきたい PC パーツ用語

ATX、Mini-ITX、EPS、SFX… ■ 勝田有一朗

ここでは、「マザーボード」「電源」に関係する、基本的な PC パーツ用語をいくつか解説します。

「フォームファクタ」関連の PC パーツ用語

「フォームファクタ」とは、コンピュータの主要パーツの「物理的な寸法」「ネジ穴や端子の位置」などのレイアウトを規格化したものです。

PC パーツ用語としてよく耳にするのは、主に「マザーボード」の大きさを示す「フォームファクタ」で、次の用語がよく使われています。

■ ATX

「ATX」（Advanced Technology eXtended）は、1995 年に Intel が提唱したフォームファクタ。

現在もデスクトップ PC では「ATX 規格」が標準的な存在で、一般的な大きさのマザーボードを指して「ATX マザーボード」、それに対応する PC ケースを「ATX ケース」と呼びます。

「ATX 規格」の基板サイズは「305mm（縦）× 244mm（横）」です。

■ Micro-ATX

「ATX 規格」を少し小型化した「フォームファクタ」です。

基板サイズは「244mm × 244mm」と、「ATX」を縦方向に縮小しています。小型の「Micro-ATX ケース」と併用します。

■ Extended-ATX

基板サイズ「305mm × 330mm」と、「ATX」を横方向に大きくしたフォームファクタ。

主にワークステーションなどで用いられます。
少し大きめの「ATX ケース」であれば「Extended-ATX」にも対応していることが多いです。

■ XL-ATX

基板サイズ「325mm × 244mm」と、「ATX」を縦方向に大きくしたフォームファクタ。

こちらも主にワークステーション向けの規格になります。
拡張スロットの数が増えているので、専用の「XL-ATX ケース」に収める必要があり、ケースの選択肢はかなり少ないです。

■ Flex-ATX

基板サイズ「244mm × 191mm」と、「Micro-ATX」の横方向を縮めた感じの小型フォームファクタ。

00 年代に登場した「小型キューブ PC」でよく用いられていました。
近年その役割は後述の「Mini-ITX」に譲っており、現在は「組み込み向けマザーボード」として主に用いられています。

■ Mini-ITX

「VIA」が提唱した小型 PC 向けの「フォームファクタ」。

もともとは「VIA」の独自規格でしたが、Intel が「Mini-ITX」対応のマザーボードを発売したことでフォロワーが増えはじめ、現在では「小型 PC 向けフォームファクタ」のデファクトスタンダードとなっています。

基板サイズは「170mm × 170mm」。

「ITX 規格」にはさらに小型の「Nano-ITX」や「Pico-ITX」といったものもあります。

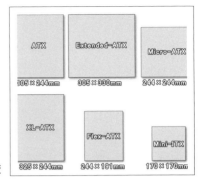

図 1　各フォームファクタのサイズ比較

電源関連の PC パーツ用語

電源関連の PC パーツ用語も、「フォームファクタ」のそれと密接な関係にあります。

よく使われている代表的な電源関連の PC パーツ用語を見ていきましょう。

■ ATX

1995 年に Intel が提唱した「フォームファクタ」には電源も含まれており、これを一般に **「ATX 電源」** と呼びます。

「ATX 規格」では、コネクタの「ピンアサイン」や電源本体のサイズ、PC ケースに取り付ける「ネジ穴の位置」などが規格化されています。

本体サイズは「150mm（幅）× 86mm（高さ）× 140 ～ 230mm（奥行き）」。

■ ATX12V

Intel の「Pentium 4」リリースと同時に、「ATX 電源」の弱点だった「12V ライン」を強化して CPU 電源供給の「4 ピン 12V コネクタ」が新設された規格です。

■ ATX12V Ver2.xx

主電源コネクタが「20 ピン → 24 ピン」に強化された規格です。

現在もマイナーチェンジが進められており、今「ATX 電源」と言えばこの「ATX12V Ver2.xx」を指す言葉になります。

■ EPS

「EPS」(Entry Power Supply) はエントリーサーバ向けの電源装置として規格化されたもので、「ATX 電源」を強化して設計されました。

最初から主電源コネクタが「24 ピン」で設計されており、これが「ATX12V」のほうへ逆輸入された格好です。

■ EPS12V Ver2.xx

「EPS」の後継規格で、主電源コネクタ「24 ピン」に加えて、CPU 電源供給コネクタ「8 ピン」を備えています。

「ATX 電源」と共通部分の多い電源規格で、実際に「ATX12V Ver2.xx/EPS12V Ver2.xx」両対応の「ATX 電源」が現在の主流になっています。

CPU 電源供給コネクタが「4+4=8 ピン」構成になっている電源は、「4 ピン」だけで使えば「ATX12V」、合体させて「8 ピン」にすれば「EPS12V」の仕様になるといった具合です。

最初から「8 ピン」で分離できないものは、「EPS12V オンリー」の電源です。

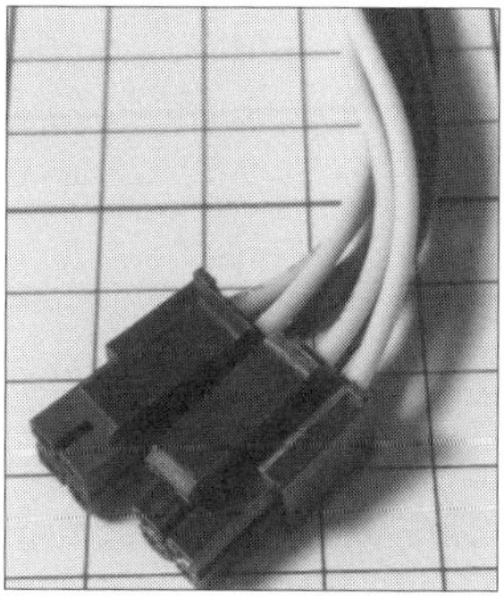

図2 「ATX12V」の「4 ピン」と「4 ピン」を合体させると「EPS12V」の「8 ピン」となる CPU 電源供給コネクタ

■ SFX

　小型 PC 向けの「Micro-ATX 規格」で用いる電源として設計されたのが「SFX 電源」です。

　かなり小型の電源ユニットで、現在は「Mini-ITX」とセットで使われることが多いです。

　その小ささゆえに、当初は電源容量「400W」までの小容量を想定していましたが、小型 PC に最新ビデオカードを搭載するのが流行っていることもあってか、電源容量「850W」の大容量「SFX 電源」も登場しています。

図 3　「V850 SFX GOLD」(COOLER MASTER)　「850W」の大容量「SFX 電源」

2-2 マウス・キーボードの技術

意外と知らない身近なインターフェイスの仕組み ■ 本間 一

> マウスやキーボードは、人とパソコンをつなぐ大切なインターフェイス。
> マウスやキーボードの仕組みが解れば、製品選びにも役立ちます。

相互に補完するインターフェイス

　人がPCを操作するためのインターフェイスを総称して、「HID」（エイチアイディー、Human Interface Device）と呼びます。

　マウスとキーボードは、「HID」の代表的なデバイスです。

　マウスとキーボードのどちらかだけでも、PCの操作は可能ですが、それぞれ役割が異なります。キーボードは素早く文字入力できます。

　ソフトのボタン操作など、画面上の任意の位置を操作する場合には、マウスの方が素早く操作できます。

図1　さまざまなマウス

マウス

■ 光学式マウス

初期のマウスでは、ボールの転がりを、「X 軸」と「Y 軸」の回転として検知する「機械式」が主流でした。

「機械式マウス」には、ボールが汚れると、検知精度が悪化するという欠点があり、定期的なボールの掃除が不可欠でした。

*

「受光センサ」（イメージセンサ）を移動検知に使う「光学式マウス」が開発されると、ほぼメンテナンスフリーで利用できるため、主流の方式になりました。

「光学式マウス」は、「本体の移動を検知するセンサ」「複数のスイッチ」「スクロールホイール」などの部品から構成されます。

スクロールホイールの軸が回転すると、「ロータリーエンコーダ」が回転します。

「ロータリーエンコーダ」は軸の回転を検知する部品です。

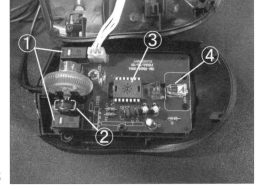

① スイッチ
② ロータリーエンコーダ
③ 受光センサ
④ LED

図2　マウスの内部

■ 移動検知センサ

光学式マウスの移動検知センサは、以下の 4 種類に分類されます。

● LED 式

移動検知センサは、「赤色 LED」などの「発光部」と「受光センサ」の組合せで動作します。

LED の発光をテーブルやマウスパッドなどに照射して、その光の変化を「受光センサ」で検出します。

● IR（赤外線）LED 式

波長の長い赤外線を発光する「赤外線 LED」は、消費電力が少ないため、バッテリ駆動時のノート PC に向いています。

また、無線式マウスでは、電池の持ちが良くなります。

● 青色 LED 式

ガラス製テーブルなど、表面がつるつるのサーフェス（操作表面）では、LED の反射光の変化が少ないため、マウスの移動を検知しにくくなり、マウスの操作性が悪化します。

「青色光」は、赤色光より波長が短いため、青色 LED 式のセンサは、わずかな凹凸を検知できます。

● レーザー式

「赤外線レーザー」を照射するレーザー式のセンサは、マウスの動きを高精度に捉えます。

凹凸の少ないサーフェスにも強く、ガラステーブルなどでも使えます。

■ 有線式マウス

マウスには「有線」と「無線」があります。

「有線式」には、「安価なマウスでも、しっかり動作する製品が多い」「ドライバの適用がスムーズで、トラブルが少ない」といったメリットがあります。

しかし、その一方で、「ケーブルが邪魔になり、やや広めの操作領域が必要」といったデメリットもあります。

■ 無線式マウス

「無線式」のメリットは、ケーブルがないことに尽きます。

ケーブルの煩わしさがなく、比較的狭い場所でも操作しやすいです。

無線式では、「電波干渉」と「スリープからの復帰」の問題に留意する必要があります。

● 電波干渉

「無線式マウス」は、主に 2.4GHz 帯の電波を使います。

そのため、隣接する周波数帯を使う機器との干渉が起こり、マウスまたは他の機器の動作が不調になる場合があります。

一般に電波干渉は、無線機器同士で起こる場合が多いですが、USB3.0 の機器と干渉が起こる場合もあります。

USB3.0 規格は、最大 5Gbps でデータを転送しますが、周波は 2.5GHz で駆動します。

その周波数は、無線式マウスの周波数に近いため、電波干渉が起こりやすいです。

もし電波干渉問題が発生した場合には、USB 延長ケーブルを使って、マウスの USB ドングル（USB 送受信アダプタ）を、PC や他の機器から離れた場所に設置するなどの対処が必要です。

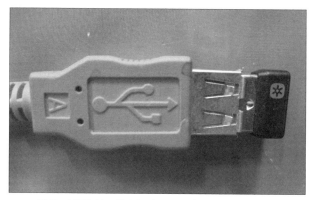

図3　USB ドングルを延長ケーブルで PC から離す

● スリープからの復帰

無線式マウスは、乾電池または充電池で動作します。

電池のもちをよくするために、無線式マウスには省電力機能があり、一定時間操作がない場合には、スリープモードに移行します。

スリープモード中にマウスを動かすと、スリープ状態から通常状態に復帰しますが、その復帰にかかる時間が製品によって異なります。

復帰が遅いマウスは、操作に支障が出る場合があります。

■ 専用ドングルと Bluetooth

多くの「無線式マウス」は、専用の「USB ドングル」を使って PC と接続しますが、Bluetooth で接続するマウスもあります。

「USB ドングル」は、あらかじめマウス本体とペアで動作するよう、設定済で販売されているため、PC に装着すれば、すぐに使えます。

「USB ドングル式」のマウスは、接続のトラブルが少なく、使い勝手が良いです。

「Bluetooth式」は、PCにBluetooth機能が搭載されていれば、Bluetooth式のマウスは、USB端子をふさがずに使えます。

その代わり、Bluetooth接続では、ペアリングの操作が必要なので、USBドングル式と比べると、やや接続設定に手間がかかります。

キーボード

■ スイッチ

キーボードは多数のスイッチが並んでいるという、比較的単純なデバイスです。
単純であるが故に、スイッチの種類と品質が使い勝手に大きく影響します。

キーボードを選ぶ際に、スイッチの品質は重要な要素ですが、高品質というだけでは、まだ情報が不足しています。

キーボードのスイッチは人が直接操作するため、その「感触」や「打感」など、ユーザーが「打ちやすい」と感じるキーボードを選ぶことが大切です。

*

スイッチには、それぞれスイッチをオンにするために必要な荷重、**「作動力」** があります。

また、スイッチを押し始めてからオンになるまでの距離を **「押し込み量」** と呼びます。

「作動力」と「押し込み量」がキーの打感に影響します。

スイッチの種類によって、「キーを押したときに、一定の速度でキーが下がるスイッチ」と、マウスのクリックのように、「特定の力を超えた瞬間に、オンになるスイッチ」があります。

キーボードによっては、キーの位置によって「作動力」の異なるスイッチを配置している製品があります。

そのような配置により、スムーズな打感を得られ、タイプミスを減らします。

＊

人の指は、それぞれ押せる力が異なります。親指はもっとも力が強く、人差し指、中指、薬指が中間で、小指は力が弱めです。

そのような指の特性に合わせて、小指で操作するキーに「作動力」の弱いスイッチ、その他の指のキーに「作動力」の強いスイッチを配置します。

キーボードに使われる主なスイッチは、**「メンブレン式」「メカニカル式」**「**静電容量無接点式」**の3種類があります。

■ メンブレン式

「メンブレン」は「膜」という意味で、膜状のスイッチを使うことから**「メンブレン式」**と呼ばれます。

メンブレン式スイッチは薄く作れるため、主にノートPCやモバイル用キーボードに採用されています。

キーボード専用の電極シートには、多数のスイッチ用電極があります。2枚の電極シートの間には、薄いスペーサーシートが挟まれています。

スペーサーシートには、電極の位置に穴が開いていて、電極部が押されると上下の電極が接触して、スイッチが入ります。

＊

また、メンブレン式スイッチには、**「ラバードーム式」**と**「パンタグラフ式」**があります。

「ラバードーム式」は、お椀を逆さまにしたような形のシリコンゴムの反発力により、押されたボタンを元の位置に戻します。

「パンタグラフ式」は、ラバードームに加え、X 字型の支持具が付いています。

その構造によりスイッチの横振れを抑止して、垂直方向の正確な上下動をサポートします。

■ メカニカル式

メカニカル式スイッチは、バネの反発力で上下動します。スイッチを押すと、内部の突起が電極を押して、2 つの電極が接触します。

メカニカル式スイッチは、各スイッチが独立しているため、故障したスイッチだけを交換修理できます。

■ 静電容量無接点方式

静電容量無接点方式でもラバードーム（ラバーカップ）を使いますが、その内部には、円錐スプリング（Conic Ring）が入っています。

図 4　静電容量無接点方式のキースイッチ

　スイッチを押すとスプリングが縮みます。スプリングの伸縮による静電容量の変化を検知して、スイッチをオン / オフします。

　静電容量無接点方式では、直接的な電極の接触がないため、スイッチの耐久性が非常に高いです。

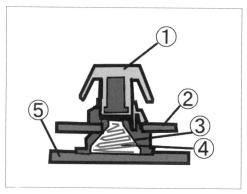

図5　静電容量無接点スイッチの構造

---

① キートップ
② プレート
③ ラバーカップ
④ 円錐スプリング
⑤ プリント基板

2-3 「グラフィックボード」と「ドライバ」

PC 運用の円滑化に影響　　■ 本間 一

「グラフィックボード」の動作には、「ドライバ」が不可欠です。

「グラフィックボード」と「ドライバ」の関係性を知ると、「グラボ」の動作設定の最適化を図ることができ、PC を円滑に運用できます。

「GPU」の役割の変化

PC には、映像情報を処理する機能が装備されていて、その処理を担当する回路を「GPU」(Graphics Processing Unit) と呼びます。

一般に「GPU」は「CPU」のような形のプロセッサを指しますが、**「グラフィックボード」**（以下「グラボ」）を「GPU」と呼ぶ場合もあります。

黎明期の PC では、「GPU」はグラフィック処理だけを担当していました。

当時の PC は、ほとんどの処理を「CPU」で行ない、「CPU」は常に多忙だったため、多くのユーザーにとって PC は慢性的に性能不足でした。

現在では、かつて「CPU」が担当していた処理の一部を「GPU」で処理する技術が開発され、「GPU」と「CPU」が連携して、より高度かつ高速な処理を効率的に行なっています。

多様化する「GPU」形態

PC の構成で、「GPU」がどのように装備されているかを知っておくことは、PC 運用の重要事項の一つです。

基本的確認事項は、"「マザーボード」に「GPU」が搭載されているかどうか"です。

「マザーボード」上に「GPU」が搭載されている場合、「マザーボード」には、「HDMI」「DVI」「DisplayPort」などの映像出力端子があります。

「GPU」がない場合は、「グラボ」を取り付けて、「グラボ」の映像出力端子を「外部モニタ」(ディスプレイモニタ)につなぎます。

*

近年、「CPU」に「GPU」を搭載したプロセッサが使われるようになり、そのような「GPU」を**「統合 GPU」**(Integrated GPU)と呼びます。

「AMD」は、「GPU 搭載 CPU」を**「APU」**(Accelerated Processing Unit)と名付けました。

一方、Intel の「GPU 搭載 CPU」は、特別な名称はありません。

どちらのメーカーの「CPU」でも、購入時には「統合 GPU」の有無を確認する必要があります。

たとえば、「Core i5 12400」は**「UHD Graphics 730」**という「GPU」を搭載し、「Core i7 12700K」は**「UHD Graphics 770」**を積んでいます。

基本的に、上位の「CPU」には、より高性能な「GPU」が搭載されるので、「CPU」を選ぶ際には、「GPU」の性能も確認しておくといいでしょう。

もちろん、「GPU 搭載 CPU」は、「非搭載 CPU」よりも高価ですが、その価格差は数千円程度なので、「GPU 搭載 CPU」はコストパフォーマンスに優れています。

「GPU 搭載 CPU」の発売に合わせて、"映像出力端子の使用には、「GPU 搭載 CPU」が必要"という仕様の「マザーボード」が登場しました。

そのような「マザーボード」に GPU 非搭載の「CPU」を取り付けた場合、映像出力端子は使えないので、マザーボードの「PCI Express」スロットに「グラボ」を取り付ける必要があります。

また、**「オンボード・グラフィック」**(マザーボード上のグラフィック機能)を搭載していて、"「GPU 搭載 CPU」を取り付けると、マルチモニタの使用可能台数が増える"というタイプの「マザーボード」もあります。

たとえば、"「オンボード・グラフィック」で 2 台のモニタが使用可能で、

さらに「CPU」の「統合 GPU」で 2 台のモニタを追加して、最大 4 台のモニタを使える"といった仕様です。

　そのような「マザーボード」に「グラボ」を追加すると、比較的低コストで、6 〜 7 台のマルチモニタ環境を構築できます。

図 1　第 12 世代インテル CPU 対応のマザーボード「PRO B660M-A DDR4」（MSI）
　　　映像出力端子 4 つのうち、2 つは「オンボード・グラフィック」の出力。

相性問題をどう捉えるか

新規にPCを組む場合には、「GPU搭載CPU」「オンボード・グラフィック」「グラボ」という選択肢の中から、映像出力をどうするか考える必要があります。

1台のPCで複数の「GPU」を使う場合には、なるべく同じシリーズの「GPU」で揃えると、複数の「ドライバ」をインストールする必要がなくなり、PCの動作は安定しやすくなります。

たとえば、「マザーボード」に「オンボード・グラフィック」が搭載されていて、性能強化のために異なる「GPU」を搭載した「グラボ」を追加すると、1台のPCに異なる種類の「GPU」が同居する状況になります。

そのような状況は、1台のPCで仕様の異なる複数の映像出力系を管理することになり、動作の不安定要因になる可能性があります。

＊

Windows 10の時代になってからは、異なる「GPU」同士の相性問題は起こりにくくなっています。

ですが、"「グラボ」を追加して複数の「GPU」を同時利用する際には、なるべく同じシリーズで揃えたほうがベター"ということは、頭の片隅に置いておくといいでしょう。

ここで言う「シリーズ」とは、「マザーボード」や「グラボ」などのパーツ製品ではなく、「GPU回路のシリーズ」であり、それは一般に「インテル/AMD/NVIDIAのGPU」を指します。

たとえば、「AMD」なら、「Radeon」シリーズ、「NVIDIA」なら「Geforce」シリーズの系統です。

ただ、「オンボード・グラフィック」、または「統合GPU」を搭載したPCに、1枚の「グラボ」を追加するような場合には、ほとんど相性問題は起こらないでしょう。

2枚以上の「グラボ」を追加する場合には、同系統の「GPU」を搭載した「グラボ」で揃えると、「ドライバ」のインストールがスムーズに完了するので、お勧めです。

「ドライバ」の入手先による違い

■ Windows で自動インストール

「グラボ」を PC に取り付けて Windows を起動すると、「グラボ」の「ドライバ」が自動的に読み込まれて、使えるようになります。

「GPU」の開発メーカーはマイクロソフトに「ドライバ・ソフトウェア」を提供していて、その「ドライバ」は Windows に含まれています。

ただし、Windows に含まれるのは、グラボを動作させる基本的な「ドライバ」だけですが、PC の一般用途では、そのまま問題なく使えます。

■ ドライバ・ディスクとメーカー公式サイト

グラボ製品を購入すると、「ドライバ」を収録したディスク（DVD）が付属しています。
「ドライバ」のインストールには、このディスクを使ってもかまいませんが、グラボメーカーの公式サイトで最新版の「ドライバ」を確認することをお勧めします。

ディスクの「ドライバ」と「最新ドライバ」で、バージョンナンバーが、離れている場合は、「最新ドライバ」を使ったほうがいいでしょう。

■ GPU 開発元

「GPU」のチップや基本的な回路の設計は、開発元の「AMD」や「NVIDIA」が行なっています。

　グラボメーカーは、その情報をもとにグラボを開発し、「GPU」などの主要パーツを仕入れて「グラボ」を作ります。

　「AMD」や「NVIDIA」の公式サイトでは、「最新ドライバ」と旧バージョンの「ドライバ」をダウンロードできます。
　GPU 開発元の公式サイトでは、グラボメーカーの公式サイトよりも新しい「ドライバ」が入手できる場合があります。

通常版と安定版の「ドライバ」

　「グラボ」の「ドライバ」は、**「通常版」**（標準版）か**「安定版」**を選んで利用できます。

■ 通常版

　「通常版」は、グラボの性能を充分に引き出せるように設定された「ドライバ」で、高画質な動画再生や、3DCG のゲームプレイなどに向いています。
　もちろん、ブラウザやワープロなど、一般的なソフトの利用でも問題ありませんが、連続的な高負荷が長時間続く利用方法では、「グラボ」への負担が大きくなることに留意してください。

　通常版ドライバの名称は、NVIDIA では「Game Ready ドライバ」、AMD では「AMD Software:Adrenalin Edition」と呼びます。

■ 安定版

　「安定版」は、コンピューター支援設計（CAD）、ビデオ編集、アニメーション制作、グラフィックデザインなどの、「業務用ソフト」向けに最適化されたドライバで、「エンタープライズ版」や「ステイブル（Stable）版」などと呼ばれる場合もあります。

　「安定版ドライバ」は、「NVIDIA」や「AMD」など GPU 開発元の公式

サイトから入手できます。

　安定版ドライバの名称は、NVIDIA では「Studio ドライバ」、AMD では「エンタープライズ向け Radeon Pro ソフトウェア」と呼びます。

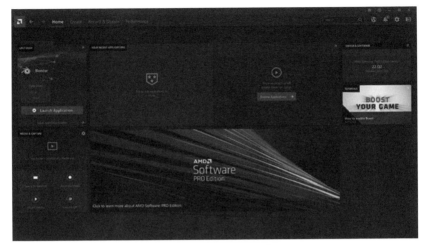

図 2　Radeon Pro ソフトウェア

「ドライバの更新」は必要か？

　GPU 開発元では、特定の GPU 搭載製品が終息するまでは、「ドライバ」の改良を続けて、新バージョンの「ドライバ」を提供します。

　新バージョンの「ドライバ」が提供されたら、積極的に「ドライバ」を更新するユーザーは多いと思います。

　しかし、「現状で何も問題なく動作している」「ソフトやゲームの利用で、ほぼ不満な点は無い」という、2 つの安定状態を保持している場合には、更新しないことをお勧めします。

　PC の運用の基本には、「安定動作している設定は変更しない」という考え方があります。

　ただし、「特定の状況で動作しなくなる問題が発生」「セキュリティに問題がある」など、メーカーから重大な不具合が発表された場合には、速やかに「ドライバ」を更新してください。

「ユーティリティ」の活用

　「グラボ」は、いくつかのパラメータ（設定値）を、ユーザーが変更できるように設計されています。

　変更可能な主なパラメータには、「GPUクロック」「メモリクロック」「電圧」「最大温度」「冷却ファンの回転数」などがあり、一部のグラボメーカーは、それらのパラメータを設定する「ユーティリティ」（設定変更ソフト）を無償提供しています。

　ユーティリティは、概ね互換性があるので、他メーカーのグラボも設定できます。

図3　グラボ設定ユーティリティ「Afterburner」（MSI）

2-4 CPU選択のための基礎知識

CPUの仕様一覧を理解する　　■ 英斗恋

　ここでは、Intel、AMD製CPUの、性能や特徴と、型番の関係を整理します。

プロセス・ルール

　1つのパッケージに多くのコアを内蔵する近年の「CPU」では、より多くのコアを内蔵できるよう、「集積回路の微細化」が求められています。

■ プロセス・ルール

　ICは「**リソグラフィー**」（露光）で回路を「シリコン・ダイ」に転写するため、微細化の限界は「光源の波長」（および開口率）で決まります。

　露光用の「短波長光源」は「大出力」と「安定性」を求められるため、技術的に困難です。

　しかし、IC製造最大手の「TSMC」や「Samsung」の最新「7nmノード」では、光源に「**EUV**」（**極端紫外線**）を用いて、これまでの「10nm」よりも細い配線幅を達成しました。

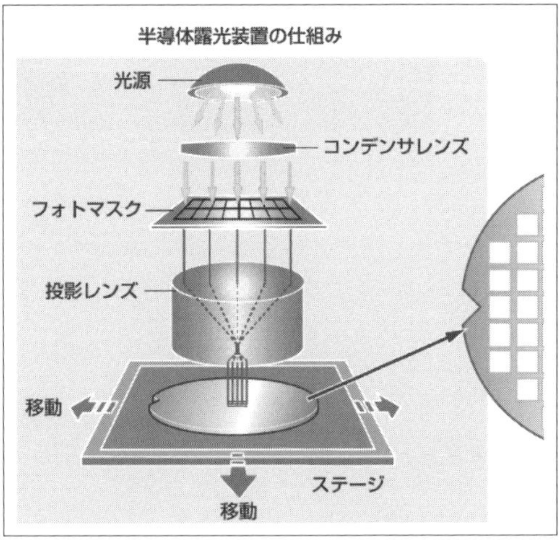

図1　露光の原理
（Nikon公式サイトより）
https://www.ave.nikon.co.jp/
semi/technology/story02.htm

■ 素子の技術革新

「IC」を、トランジスタなどの「素子」と、素子をつなぐ「配線」に分けて考えると、Intel は依然「10nm」プロセスで、配線長では TSMC の「7nm プロセス」を追いかける立場です。

一方、素子形成においては新技術「SuperFin」を開発。

「Super MIM キャパシタ」「enhanced FinFET トランジスタ」「結線メタル層の改良」によって、最大「4.8GHz」の高速動作を実現しました。

図2　SuperFin（IntelAechitectureDay2020 資料）

Architecture Day 2020 資料（英文）

https://newsroom.intel.com/image-archive/images-architecture-day-2020/?wapkw=superfin

---

■ Intel のプロセス・ルールの呼称

「配線幅」と「素子形成」で異なる「技術革新」が進んでいることから、Intel では「プロセス」に「配線幅」とは異なる名称をつけています。

通常の「10nm プロセス」に対して、ワットあたりトランジスタのパフォーマンスが 10 〜 15% 向上している「10nm プロセス＋ SuperFin」を「Intel 7」と呼称し、今後「Intel 4」「Intel 3」「Intel 20A」を計画しています。

「Intel 7」の呼称は、「7nm プロセス」を採用している現行「AMD CPU」に対するマーケティング上の理由が推測されますが、紛らわしいのは事実です。

アーキテクチャ

数年で更新される CPU コアの「アーキテクチャ」（基本設計）は「世代」で区別され、CPU の基本的な能力を測る指標として注目されます。

■「アーキテクチャ」刷新の利点

「アーキテクチャ」の刷新によって、「命令セットの拡張」や「最大周波数アップ」など、CPU コア自体の能力向上が期待できます。

また、最新のメモリ規格（DDR5）や、拡張 I/F（PCIe 5.0）に対応し、PC 全体の処理速度向上も期待できます。

■ 現在の Intel と AMD の世代

Intel では、第 10 世代「Comet Lake」、第 11 世代「Rocket Lake」、最新の第 12 世代「Alder Lake」まで、製造プロセスの更新に合わせて、「アーキテクチャ」も刷新されています。

AMD では、必ずしも世代交代で「コア・アーキテクチャ」が刷新されるわけではなく、第 4、5 世代とも「Zen 3」アーキテクチャを基本としています。

■ コアとスレッド

「コア数」とは、CPU が「物理的に」並列処理するユニット数です。

しかしながら、一部「エントリー・モデル用 CPU」以外では、各コアが

2つの実行コードを並列処理できるため、OSから見た同時実行可能数（＝スレッド数）は「コア数」より多くなります。

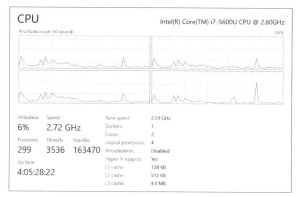

図3　コア数2、スレッド数（logical processors）4のCPU例
　　Windowsのタスク・マネージャは4コアの負荷を表示。

　スレッドは、OSの最上位層の「ハイパバイザ」（hypervisor）が「CPU」を管理した場合に動作しますが、「Windows」や「Linux」は対応済みなので、特に意識する必要はありません。

■「GPU」の内蔵

　Intel、AMDともに、CPU単体の他にも、「GPU」を内蔵した製品をリリースしており、高性能の外部GPUを搭載していないコスパPCでも、ある程度の描画性能を期待できます。

■「性能コア」と「効率コア」

　低消費電力の「モバイル向けSoC」に対抗して、Intel第12世代CPUは、ピーク時性能優先の**「性能コア」**（performance core, P-Core）と、省電力優先の**「効率コア」**（efficiency core, E-Core）の「2コア構成」です。

　アイドル時は「E-Core」を積極的に利用し、平均消費電力の低減を狙います。

*

AMDも次世代アーキテクチャで「2コア構成」を採用する予定です。

「異種（heterogenious）構成」を活かせるかは、今後のOSやアプリ次第でしょう。

本体メモリアクセスのボトルネック

CPUの「動作周波数アップ」と「コア数の増加」によって、メモリへのアクセス速度が高速動作させる際のボトルネックとなっています。

■「DDR SDRM」の世代、動作周波数

PCに用いられる「DDR SDRAM」は、CPUと同様、「DDR（1）〜DDR5」までの**世代、動作周波数、メモリ容量**が明記されており、CPUが対応する製品の中から、なるべく高速の製品を選択します。

■「DDR メモリ」の規格の読み方

一例として、以下の表記の「DDR メモリ」のアクセス速度を計算します。

```
SDRAM DDR5-4800 (PC5-38400)
CL=40
```

*

「DDR5」は最新の規格です。

現行機は「DDR4」から「DDR5」への過渡期あので、もしPCが対応しているならば「DDR5」を選びます。

その後の「4800」は**「モジュール速度（MHz）」**と呼ばれ、データ（bit）の出力速度を示します。

「DDR」の名のとおり、各クロックの「立ち上がり / 立ち下がり」に2回データを出力する**（double-data-rate）**ため、メモリに入力するクロック周波数はその半分の「2400MHz」です。

データ転送速度が明快な、「PC」から始まる規格名称も併記されており、「PC-」の後に「DDR の版」「データ転送の帯域幅 (MB/s)」が並びます。

■ メモリからのデータ読み出し速度

DDR メモリでは、「CPU」と「メモリ」を「64bit」(= 8Bytes) の「データ・バス」でつなぎます。

PC 用の「CPU」は、2 チャネル並行で RAM にアクセスするため、一度に読み出せるデータは、

8Bytes × 2 チャネル = 16Bytes

となり、「CPU」の読み出し速度は、

4800（モジュール速度・MHz）× 16Bytes
= 76800MB/s = 76.8GB/s

と、「マルチ・コア CPU」でも充分な読み出し速度を達成しているように思えます。

■ レイテンシー

しかし、これはデータの「連続読出中」の速度で、RAM が「メモリ・コントローラ」に応答してデータを出力するまでには、「数十クロック」かかります。

この待ち時間、つまり **「レイテンシー」**（latency）が問題です。

一例として、「メモリ・コントローラ」に対して DDR メモリが応答するまでの、最初の遅れ「CL」(CAS latency) を計算すると、たとえば「CL=40」の場合、

1/{4800 (MHz) /2 (モジュール速度をクロックへ)} × 40 (CL=40 の場合)
= 0.47 (nsec) × 40 (クロック) = 16.7 (nsec)

かかり、その後も RAM の「アドレス（row）指定」でクロックを消費するため、メモリへのアクセスは「CPU」のピーク動作を妨げる大きな要因です。

キャッシュの構成

「CPU」と比べて低速なメモリとのギャップを埋めるため、「CPU」に「キャッシュ・メモリ」を用意して、ボトルネックの解消を図っています。

■ キャッシュの構成

「アクセス速度」と「容量」はトレード・オフの関係であるため、通常、三階層の構成を取ります。

L1 キャッシュ

「CPU コア」と一体の高速なキャッシュ。

たとえば、「Alder Lake」では「80 〜 96KB」あります。

L2 キャッシュ（MLC）

「L1」よりも速度が落ちる、中容量のキャッシュ。

「L1」「L3 キャッシュ」の間にあることから **「MLC」**（mid-level cache）とも呼ばれ、各コアに数 MB 用意されているキャッシュです。

L3 キャッシュ（LLC）

「L2 キャッシュ・メモリ」間の大容量キャッシュ。

「CPU」から「DDR メモリ」に向かう最後のキャッシュであることから、「LLC」（last level cache）とも呼ばれます。

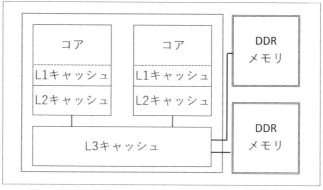

図4　キャッシュ構成の概念図
CPU とメモリは 2 チャンネル接続。

■「Alder Lake」のキャッシュ構成

例として、Intel が 2021 年 10 月に発表した **「i9-12000KF」** では、各「P-Core」が「1.25MB」の L2 キャッシュをもつ一方、「E-Core」は「全コア共通」で「2MB」あるだけで、「P-Core」にキャッシュを傾斜配分し、ピーク時性能を出しやすくしています。

「Alder Lake」のキャッシュ構成

	合 計	P-Core	E-Core
コア数	16	8	8
L2 キャッシュ	14MB	各コア 1.25MB 合計 12MB	全コア 共有 2MB
L3 キャッシュ	全コア共有で 30MB		

■ キャッシュ利用の効率化

「L1 ～ L3」のどこにもキャッシュされていない領域を読み出す場合、「L3-L2-L1」と順に同じ内容が収納されます。

ここで、各階層の重複をなくし、一階層のみキャッシュを保持。

他階層は解放して別領域のキャッシュを可能にすると、管理は複雑ですが、

キャッシュの利用効率が上がります。

　Intelでは、最新の第12世代CPUで、この**「非包括的」**（non-inclusive）**方式**のキャッシュ管理を実現しています。

■ キャッシュ・コヒーレンス

　複数のコアが同じ領域をキャッシュしている場合、あるコアが内容を書き換えても別のコアのキャッシュに反映されず、「データ抜け」が発生してしまいます。

　このため、複数コアの共有領域の書き換えでは、他のコアの「L1」「L2キャッシュ」を無効にして、「L3キャッシュ」から内容を再読み込みします。

　このような、メモリの内容と全コアのキャッシュ内容が常に一致する**「一貫性」**（cache coherence）を、「CPU」と「OS」（ハイパバイザ）で達成するわけです。

「プロセッサ・ナンバー」の命名規則

　「世代」「性能」「機能」で製品名を定義しています。

■ 製品群

　サーバ用、デスクトップ用、ノートPC用でそれぞれ、「許容放熱量」「パッケージの大きさ」「コア数」「アーキテクチャ」「価格帯」などが異なるため、個別のブランド名がつけられています。

ブランド名の例

メーカー	Intel	AMD
サーバ	Xeon	EPYC
PC	Core i Pentium、Atom	Ryzen Athlon

　デスクトップ向け中上位製品では、「内蔵コア数」の違いで同時期の製品を「9」「7」「5」「3」と分類しますが、数字は「ランク」を示すもので、実際の「内蔵コア数」と関係ありません。

■ 「世代数」と「SKU」

　Intel も AMD も、「世代数」の数字と性能を示す値「SKU」が続きます。

　AMD の最新製品は第 5 世代なので「5xxx」。
　Intel の最新製品は「デスクトップ / モバイル」用が「第 12/11 世代」なので「12xxx/11xxx」となります。

　「SKU」(stock keeping unit) は本来、生産上の「ロット番号」を表わす呼称ですが、「CPU」では性能の目安を数字の大小で示します。

■ Intel の語尾

　製品の特徴や用途を示すアルファベットが語尾 (suffix) につきます。

　Intel の代表的な記号は以下のとおりです。

F	別途で GPU が必要（GPU 非内蔵）
G	GPU 内蔵
H	モバイル用
K	オーバークロック対応

　AMD も Intel に近い記号を用いています。

Intel の命名規則（公式サイト）
https://www.intel.com/content/www/us/en/processors/processor-numbers.html

■ 仕様の読み方

一例として、公式ページの「Intel Core i9-12900KF」の仕様を確認してみましょう。

・**基本仕様**
プロセッサ・ナンバー i9-12900KF
リソグラフィー Intel 7

製品名にある「プロセッサ・ナンバー」から、本製品がオーバークロック対応（K）、GPU 非内蔵（F）、「リソグラフィー」から「10nm + SuperFin プロセス」であることが分かります。

・**CPU の仕様**
# of Performance-cores8
# of Efficient-cores8
スレッド数 24
キャッシュ 30 MB Intel Smart Cache
Total L2 Cache14 MB

スレッド数（24）がコア数（16）の 2 倍になっていないことから、「P-Core」は 2 スレッド対応、「E-Core」は「シングル・スレッド」（$8 \times 2 + 8 = 24$）と推測できます。

・**メモリの仕様**
最大メモリサイズ
（メモリの種類に依存）128 GB
メモリの種類
　Up to DDR5 4800 MT/s
　Up to DDR4 3200 MT/s
最大メモリチャネル数 2
最大メモリ帯域幅 76.8 GB/s

キャッシュの L2 が「14MB」、L3 が「30MB」、DDR5 対応で、前述の計算の通り「DDR5-4800」使用時、連続読出速度は「76.8GB/s」です。

図5　i9-12900KF 仕様（公式サイト）

https://www.intel.co.jp/content/www/jp/ja/products/sku/134600/intel-core-i912900kf-processor-30m-cache-up-to-5-20-ghz/specifications.html

2-5 「PCパーツ」の価格変化

価格が変わりにくいパーツ、値下がりしやすいパーツ　■ 本間一

日々変動するPCパーツの価格。

パーツの種類によって、価格変動に要する期間や変動幅が異なります。

また、パーツには「価格が変わりにくいパーツ」と「値下がりしやすいパーツ」があります。

各パーツの価格変動の傾向を把握しておくと、パーツの買い時の目安になります。

世界情勢の影響

■ 歴史的円安進行

ほとんどのPCパーツは、海外で生産されてから日本に入ってきます。

そのため「為替レート」の影響を受けやすく、円安だと、PCパーツは値上がり傾向になります。

米国は利上げを進め、日本は低金利を据え置くという、相反する政策方針が同時に発表されると、一気に円安が進み、2022年10月には、一時1ドル150円台になりました。

今後もしばらくは円安傾向が続きそうです。

■ 新型コロナウィルス

「コロナ禍」による労働力不足や物流の停滞により、世界中で半導体不足になり、値上がりしています。

当然PCパーツは半導体の塊みたいな製品ですから、価格への転嫁は避けられません。

ただ、一部のPCメーカーは「部品不足はほぼ解消した」と発表していて、PCパーツの値上がりは「需要の増加」や「物流費の高騰」によるものと考えられます。

■ 物流費高騰

「コロナ禍」で、特に米国向けのコンテナ船の運賃が高騰しました。

相対的に日本向けの運賃は安くなったため、米国向けの輸送が優先され、日本向けのコンテナ船が不足する事態に。

輸送航路の変更などで物流の状況がやや改善した矢先に、ロシアの「ウクライナ侵攻」が始まり、石油や天然ガスなどの燃料価格が高騰。

燃料費が上がれば、輸送費も上がり、間接的に PC パーツの価格にも影響が及びます。

■ 現状は最悪だが…

「コロナ禍」に続いて「ウクライナ侵攻」、そして「歴史的円安」。

PC パーツ価格に対して、世界情勢は逆風が吹きまくっています。

これまでに PC パーツの一時的な高騰は何度もありましたが、現状は歴史的に類を見ない悪状況です。

とはいえ、コロナ対策では、世界的に「ウィズ・コロナ」という風潮が強まっていて、「コロナ禍」の長期化は免れませんが、経済的には復調に向かうと考えられます。

コロナや戦争のネガティブ要因が和らげば、PC パーツの価格は落ち着いてくるでしょう。

価格変動の傾向

長期的視点では、PC パーツの価格は徐々に下がります。

それは、歴史が物語っています。

*

PC パーツの価格は、主に「2 つの要因」の影響によって下がります。

1 つは、「需給による影響」。

特定の PC パーツが、ほしい人に充分に行き渡り、需要が細ってくると、そのパーツは価格が下がります。

需給要因による価格下落は、比較的ゆっくりです。

もう 1 つは、「新製品の登場」です。

新製品が従来品より高性能だったとしても、その性能差を上回るような高い価格設定だった場合には、従来製品への影響は軽微です。

しかし、高性能な新製品が、従来製品と隣接した価格で発売された場合には、従来製品は大幅に値下げされる可能性が高くなります。

*

PC パーツの価格が下落に至る期間は、製品によって大幅に異なりますが、下落パターンはおおむね似通っています。

新製品が登場して最初の普及期間は、高くても売れるので、価格変動はそれほどありません。

需要が細ってくると、徐々に価格は下がりはじめます。

高性能な新製品が登場すると、従来製品は大幅に下がります。

製品サイクルの最終局面では、処分価格で販売されたりします。

そして市場の在庫が極端に減ると、一時的に価格が跳ね上がる場合がありますが、その後は製品サイクルの終焉を迎えます。

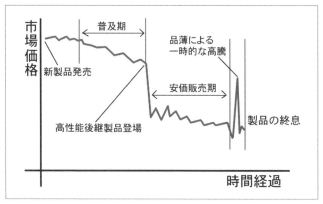

図1　PCパーツ販売期間中の価格動向

価格が下がりにくいPCパーツ

■ 汎用的なPCパーツ

　性能の変化が少なく、一定のニーズが長期間続くようなPCパーツは、価格変動が少なく、ゆっくりと下落する傾向にあります。

　そのようなPCパーツは、HDDやSSDなどの「ストレージ類」、DDRメモリや電源ユニット、SATAやLANなどの「ケーブル類」などです

　価格変動が少ない製品は、必要になれば、その都度買うというスタンスでいいでしょう。

■ CPUクーラー

　「CPUクーラー」は、CPUソケットの仕様が変わらなければ、モデルチェンジの必要がないため、値下がりはゆっくりです。

＊

　最近では、CPUのパッケージに「CPUクーラー」が付属しない場合が多く、その場合には別途CPUクーラーを購入する必要があります。

　予算の範囲内で、なるべく高品質なCPUクーラーを選んでください。

極端に安価な製品では、粗悪なファンが使われている場合があり、注意が必要です。

　粗悪なファンは、あまり CPU が冷えなかったり、大きめのノイズが発生したりします。
　最悪の場合には、コイルの不良によってショートが起こり、マザーボードが壊れます。

価格が変動しやすい PC パーツ

■ CPU

　メーカーが開発に多くのリソースを割いていて、モデルチェンジが多く、競合するメーカーがあるような PC パーツは、比較的価格が大きく変動しやすいです。

　そのようなパーツとしては、「**CPU**」や「**グラボ**」（グラフィックボード）などが挙げられます。

　大まかな傾向では、最近ではインテルの CPU の人気が高く、上位製品の価格は横ばい、または値上がり傾向です。

＊

　一方、AMD の CPU は、1 年前より 30％以上値下がっているモデルが散見されます。
　AMD の CPU から、値下がり幅の大きいモデルを選ぶと、コストパフォーマンスの良好な PC を組めそうです。

■ グラフィックボード

　ここ数年、グラボには大幅な価格変動がありました。

　数年前には仮想通貨の「マイニングブーム」が起こり、グラボが品薄に

なって、価格が高騰。

　通常は1台の PC に1枚のグラボがあれば充分なのに、多くのユーザーが複数枚のグラボを搭載するような状況になるのは、仮想通貨が開発される以前には考えられないことです。

＊

「マイニングブーム」で最も迷惑を受けたのは、ハイエンドグラボが必要なゲーマーや映像制作の PC ユーザーでしょう。

　代表的な仮想通貨の「ビットコイン」は、2021年11月に「1ビットコイン 770万円」という最高値を記録したあと、下落に転じ、2022年6月には 250万円台まで下がりました。

　仮想通貨暴落の主な要因は、米国の金融引き締めにあると言われています。
　電気代が高騰し、仮想通貨は暴落しています。特に日本は電気代が他国より高いので、マイニングによる利益はほぼ出ない状況です。

　日本に限らず、マイニングを諦めたユーザーが増えているようで、グラボの価格は落ち着いてきました。
　1年前と比べ、グラボ全体では5%以上下落し、30%以上下落している製品も散見されます。

　グラボに関しては、自分の必要なスペックのグラボを、じっくり選べる状況になっています。
　フリマサイトや中古パーツ取扱店などに出回るグラボも増えていて、格安なグラボを探しやすいです。

■ マザーボード

「CPU」と比べると価格変動は穏やかですが、「マザーボード」は価格変動しやすいパーツに分類されるでしょう。

　最近のマザーボード製品は、選択肢の幅が広がっています。

フォームファクタでは、「ATX」の他に、「MicroATX」や「Mini ITX」など小型 PC 用マザーボードのラインアップが充実しています。

＊

　マザーボード選びで困るのは、製品サイクルが短いこと。

　発売から約 2 年で市場から消えてしまいます。

　「グラボ」や「サウンドカード」など、手持ちの PC パーツを活かすためには、「PCI-Express」など、「マザーボード」の搭載スロットの構成が重要です。

　ところが、最適なスロット構成のマザーボードがなかなか見つからず、やっと見つかったと思ったら、すでに製造が終わって入手が難しい場合があります。

　製品サイクルが短い PC パーツは、早めに確保しておくことをお勧めします。

■ Wi-Fi ルーター

　PC パーツの範疇からやや外れますが、「Wi-Fi ルーター」はインターネット接続に必須のデバイスです。

　「Wi-Fi ルーター」は、毎年のように新モデルが登場するため、比較的早期に価格が下がりやすく、特に新しい高速無線規格対応の機種が出ると、型落ちモデルは急速に値下がりします。

　少し古めの「Wi-Fi ルーター」は、フリマサイトで安く購入しやすいです。

　ただし、ルーターは電源を長期間入れたまま使うデバイスなので、内部回路の経年劣化によって通信速度の低下が起こりやすいです。

　ルーター製品は消耗品と割り切って、調子が悪くなってきたら新しい製品に買い換えたほうがいいかもしれません。

2-6 PC パーツの性能を測る「ベンチマークソフト」

■ PC ショップ「ドスパラ」

　「ベンチマーク・ソフト」とは、PC に一定の負荷を与え、性能を測るソフトのことです。

　「負荷」に対する「実行速度」を測った結果を、PC の処理能力の目安としています。

「ベンチマーク」とは

■ もともとは、測量用語？

　「ベンチマーク」は、もともと測量などの用語で、「基準」を指し示すのに使われていました。

　そこから、性能や能力を測定するため用語として広く使われるようになったようです。

■ PC のベンチマークとは

　PC における「ベンチマーク」は、PC 全般の性能を知るもので、PC に一定の負荷をかけて計測します。

　PC の使用目的に合わせてベンチマークの種類があり、それぞれのパーツにかけた負荷によって測る結果で、その PC は目的を達成するための能力があるかどうかを判断します。

　それが「PC ベンチマーク」の主な目的です。

＊

　PC ベンチマークの例としては、

① PC の**全般的な処理能力**

② PC の**特定の作業の速さ**

③ PC でプレイする**ゲームの快適性**

などがあります。

107

＊

　PC のベンチマークを実行する専門のソフトを、「ベンチマークソフト」と呼んでいます。

PC の「ベンチマーク・ソフト

　PC の性能を測定（ベンチマーク）するためには、「ベンチマーク・ソフト」を使います。

＊

　「ベンチマーク」には、以下のような種類があります。

① PC 全体の性能
② CPU の性能
③ グラフィックボードの性能
④ 内蔵ストレージ（メインの保存媒体）の性能
⑤ 外付けストレージ（外付け HDD や外付け SSD、USB メモリなど）の性能
⑥ ゲームタイトルにおける**プレイの快適性**
⑦ PC で実施する処理（エンコード）などの速さ

　ベンチマークソフトは、有名なものからマイナーなものまで多種多様ですが、中でも定番となっているのが、**「Cinebench」**（シネベンチ）です。

CPU ベンチマーク・ソフト「Cinebench」

　「Cinebench」は、ドイツの Maxon Comuputer からリリースされているベンチマークソフトです。

■ 最新版は、長時間の負荷をかける

　「Cinebench」では主に、「CPU」のベンチマークテストを行ないます。

　2022 年 10 月現在での最新バージョンは「R23」。
　これまで長らく利用されていた「R20」からの変更点としては、「R23」

では、10 分間連続で CPU に負荷をかけ、より正確に CPU の性能を測ります。

「R20」では、1 回テストが完了すると計測が終了していましたが、「R23」では、**「長時間の動作でも、性能を維持できるか」** を確認できるようになっています。

■ 画像の表示で計測

「Cinebench」は、決まった画像（リビングの写真）を、CPU を使ってどれだけ速く表示できるかを計測します。

単位は「pts」（※ Points の略）で表示し、より高い性能を出すと、結果の数値が大きくなります。

■ 「Cinebench」の導入

「Cinebench」は無料で入手が可能で、最新版は公式サイトに加え、「Microsoft Store」（マイクロソフト・ストア）からもダウンロードできます。

図 2　Cinebench を入手
（マイクロソフトストア公式）

https://www.microsoft.com/ja-jp/p/cinebench/9pgzkjc81q7j?activetab=pivot:overviewtab

　「Cinebench」をインストール後、起動すると、「利用規約」の同意を求められます。

　英語表示ですが、下部にある「Accept」をクリックすると同意したことになります。

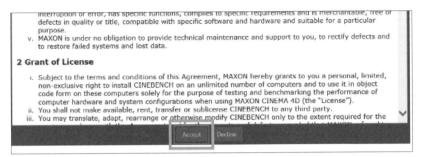

図3　利用規約に同意する

「実行方法」と「結果の確認」

　「Cinebench」を起動して画面左側にある項目が、「Cinebench」の機能になります。

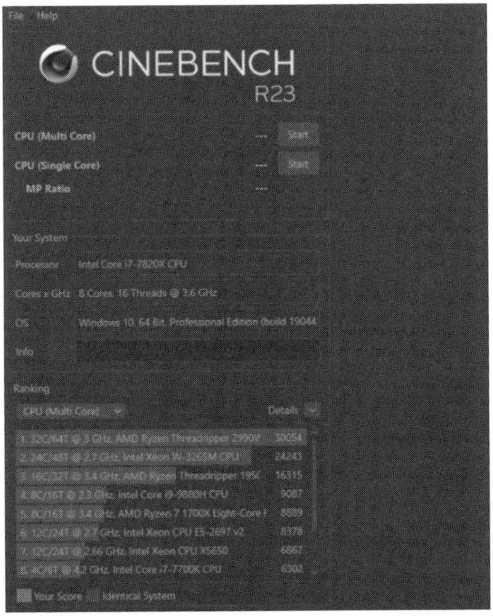

図4　起動画面の左側が「Cinebench」の機能

■ CPU (Multi Core)

「マルチコア」のベンチマークテストを行ないます。

CPU の「マルチコア」性能は、主にクリエイターが気にするところです。

とくに、動画編集時の「エンコード」(編集状態から動画ファイルへの変換) などは、「マルチコア」性能が重視されます。

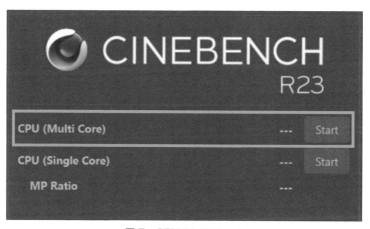

図5　CPU (Multi Core)

*

「Start」をクリックすると、「CPU(Multi Core)」ベンチマークテストが スタートします。

■ CPU (Single Core)

「シングルコア」のベンチマークテストを行ないます。

*

ベンチマークで「シングルコア」の結果が良いものは、ゲームプレイに向 いていると言われます。

理由として、ゲーム開発は複数のコアに均等に負荷をかけるような方法で の開発が難しいためです。

特定のコアを選択し、「2コア」から「4コア」程度に負荷を集中させる 処理が基本になります。

あくまでも傾向的な話になりますが、シングルコア性能が高いCPUのほうが、ゲームにおいては高性能で適してることになります。

＊

　「Start」ボタンをクリックすると「CPU(Single Core)」の「ベンチマークテスト」がスタートします。

■ Your System

　搭載の「CPU情報」を自動で取得し、表示します。

　「Processor」にはCPUの名称が、「Cores x GHz」にはCPUの性能、「コア数」や「スレッド数」「動作クロック」などが表示されます。

Your System	
Processor	Intel Core i7-7820X CPU
Cores x GHz	8 Cores, 16 Threads @ 3.6 GHz
OS	Windows 10, 64 Bit, Professional Edition (build 19044
Info	

図6　CPU情報を自動で取得

■ Ranking

　「Ranking」には、世界中のユーザーの「CPUベンチマークテスト結果」がアップロードされていて、自分がもつPCのCPU性能がどのあたりかなど、結果の比較から知ることができます。

ベンチマーク測定結果

「シングル」「マルチ」、それぞれのベンチマークをとってみました。

図7 「シングル」と「マルチ」のベンチマーク結果

単体の CPU のベンチマークテスト結果だけでは、単なる数値のみの表示のため、ベンチマークの優劣は分かりません。

他の CPU との数値の比較によって、ベンチマークは意味が出てきます。

■ MP Ratio

「MP Ratio」の数値は、「マルチ・コア」と「シングル・コア」の性能を倍率で表示しています。

*

今回の結果を、計算で確認してみます。

```
マルチ性能 …10773pts
シングル性能 …1115pts
10773 ÷ 1115 = 9.66
```

■ Ranking でベンチマーク比較

「Ranking」を見ることで、現在の CPU 性能が、CPU のシリーズ違いやメーカー違い、または他人の CPU と比べて相対的にどのポジションに位置するのかなど、分かってきます。

　単純な CPU ベンチマークテストのスコアだけでは分からかない、CPU 性能の比較を行なえることが、「Cinebench」の最大の特徴でしょう。

＊

　各ランキングの表示は、上部にあるメニューで選択することで切り替わります。

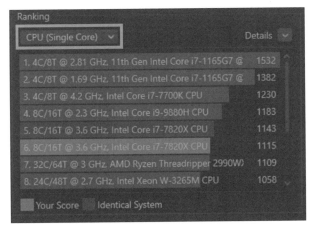

図 8　ランキングの表示を素早く切り替え

■ Youre Score

　「Youre Score」は、ベンチマークを実施した現在の PC のスコアで、オレンジ色のグラフで表示されます。

■ Identical System

　「Identical System」という項目は茶色のグラフで表示されていて、「Cinebench」では「同一の CPU」という意味になります。

　同一 CPU のベンチマークテストをした自分以外のユーザーがアップロード結果が、そこに表示されています。

＊

　「Cinebench」の結果は、CPU を「オーバークロック」することで、より高いスコアを出すことがあります。

そのため、自分と同じ CPU でベンチマークテストした結果でも、他のユーザーがアップロードしたスコアのほうが高い場合があります。

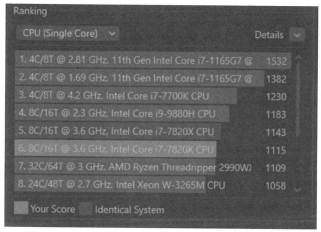

図 9　ベンチマークテスト比較結果ランキング

ベンチマークソフトの定番

「ベンチマークソフト」にもいろいろありますが、「PCMark」や「3DMark」といったソフトも有名です。

「PCMark」はシェアウェア（有料版ソフトウェア）、「3DMark」は無料版もあります。

■ PCMark

「PCMark」は PC でさまざまなアプリケーションを使った場合の性能を測るソフトで、ウェブサイトの閲覧や Office 系アプリの利用、写真や動画の編集作業など、PC で実行しそうな作業全般の性能を測ることができます。

■ 3DMark

「3DMark」は、主に PC の 3D 性能、特にゲームに特化したベンチマークをとります。

実際のゲーム画面に近い映像を再現して、3D をどれだけ高速に描けるか
を測ることで、ゲームプレイの快適さの目安にできます。

　これらのベンチマークソフトはあくまで PC の総合的な能力を測るものな
ので、実際のアプリケーションによっては、多少結果が異なることもあり
ます。

＊

　具体的なソフトウェアごとに PC の性能を知りたい場合は、実際のゲーム
を元にしたベンチマークソフトもあります。

　「ファイナルファンタジー XIV：紅蓮のリベレーター　ベンチマーク」や
「PSO2 キャラクタークリエイト体験版 EPISODE4」などがそれです。

　この他にもベンチマーク機能をもったゲームは多数ありますが、これらは
実際のゲームをそのままベンチマークソフトとして動かすことで、自分の
PC でどのくらいそのゲームを快適に遊べるかということを具体的に知るこ
とができます。

第 **3** 章

パソコンの故障

　一般的なユーザーの場合は、パーツ交換やデータ復旧などのやり方自体が分からない、ということもあります。

　「パソコンの故障した原因を推測する方法」や、「復旧させるときに気を付けるべき点」「故障したときのための備え」について解説します。

3-1　パソコンの故障原因と改善方法

故障状況から原因を推測する　■ パソコン修理のエヌシステム

　パソコンを使っていると、電源についてさまざまな問題が発生することがあります。

・使用中にいきなり電源が落ち、それっきり電源が入らない。
・昨日は普通に電源を切ったのに、今日になったら電源ボタンを押しても反応がない。
・シャットダウンと再起動を勝手に繰り返すから仕方なく強制終了させたら電源が入らなくなった。

　一見、すべて同じ電源の不具合のように思えますが、実はその原因はさまざまです。
　一時的な動作不良かもしれませんし、どこかの部品が壊れてしまったのかもしれません。

　お手元で試してほしい対処方法と、部品の故障だった場合に考えられる故障箇所を説明します。

電源コードもバッテリも外してみる

　デスクトップでもモニタ一体型でもノートパソコンでも、「パソコンが起動しない/電源が入らない状態」になったとき、まず共通して試しほしいのは、つながっているコードを一度すべて外してから再度つなぎ直すことです。

　ノートパソコンであれば、底面にある「リチウムバッテリ」（リチウム電池）も外してください。

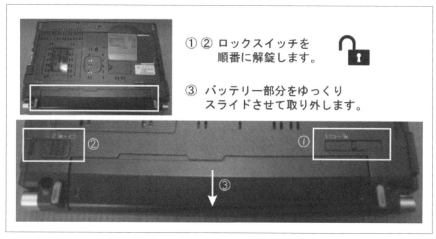

図1　ロックがあるタイプの「リチウムバッテリ」

　コード部分の軽い接触不良が起きていただけなら、外してから再接続すれば改善されるはずです。

＊

　コードを抜くとき、つなぎ直すときには、それぞれのコードがどこに差さっていたか、プラグの「色」や「形状」もよく見て、間違えないように気をつけてください。

　適合しない差し込み口に無理に挿してしまうと、破損してしまいます。

　また、そのときに「挿し込んだときにこんなにグラついてたかな？」と気になることがあるかもしれません。

　しかし、基本的にすべての差し込み口には、負荷を逃がすために多少の**「遊び幅」**が設けられているので、グラついて感じられます。

　普段、あまりパソコンの電源プラグの差し込み口などを気にすることがないので、いざ故障したときには「ハッ！まさかこのグラつき……壊れてる？」となりがちですが、「きちんと挿さらないほどグラついている」「あからさまに金具が折れている」といった状態になっていない限り、問題のない「遊び幅」であることがほとんどです。

■ コードが傷んでいる場合

　抜き挿しの繰り返しや、無理に引っ張った状態で使ったことで、**コードや差し込み部分（ジャック）が傷んで通電しなくなっている**ことがあります。

　また、ペットを飼っている場合はコードがかじられて断線していることがあります。

　断線したコードは漏電することもあり、大変危険です。

　コードを新しいものに換えるまで、コンセントにつながないように注意してください。

■ コード類をつなぎ直してもダメだった場合

　ひとまず、今すぐに作業の続きをすることは諦めて、コード類やバッテリを外したまま丸一日ほど置いてから、またつなぎ直してみてください。

　一時的に電源回路や部品が不調だっただけなら、これで直ります。

室温を適温にする

　あまりにも寒かったり暑かったりすると、「こんな気温で働けるか!!」と、パソコンがストライキを起こして起動しない場合があります。

　パソコンの動作に最適な温度は「15℃ ～ 25℃」程度ですから、人間が快適に感じる気温と同じくらいと考えてください。

　特に真夏や真冬に PC の調子が悪いようであれば、人間が快適な気温くらいに室温を調整してから電源を入れてみてください。

＊

　コードの抜き挿し、室温調整を試しても改善が見られない場合は、故障状況から原因を推測してみましょう。

シャットダウンと再起動を繰り返す

いきなり電源が切れたかと思ったら、勝手に再起動を始め、どうしたのかと見守っていたらまたシャットダウンして……と、延々これが繰り返されてしまう場合には、「HDD」あるいは「SSD」といった**「データ保存部品」の不良**である可能性が高いです。

HDD の物理的、あるいはデータ的な破損によって Windows を動作させるデータが読み出せなくなっています。

パソコンからすると、
「なんか調子悪いな……あ、動作してるのにデータが読めなくて思わず電源落としちゃった。もう一度起動しなくちゃ。ああでも動けば動くほどあちこちのデータが崩れてくる。読めないし書けないし動けない、ヤバイよヤバイよ、とりあえずまた電源落とすよ！」
という状態ですね。

HDD を新しいものに交換してから、元の HDD のデータが無事なら、そのまま移行して、元データと環境設定を引き継ぐことができます。

もしもデータが破損していたら、「リカバリー」（工場出荷状態のデータに初期化）、もしくは Windows などの「OS」の「クリーンインストール」（真っ新なシステムをインストールする）が必要です。

「ブルースクリーン・エラー」で起動しない

PC メーカーのロゴが出たあとで、青い背景に白い文字（黒い背景で白文字のこともあります）で以下のようなメッセージが表示される場合は、**HDD が傷んでアクセスできなくなっている**のかもしれません。

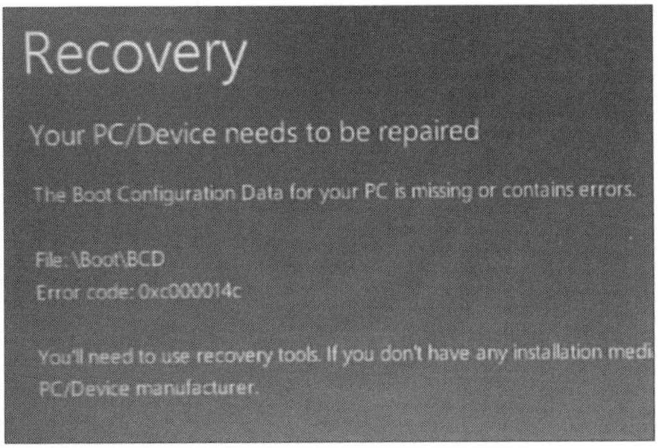

図2　「ブルースクリーン・エラー」の一例

・リカバリーが必要
・Boot Error
・A disk read error occurred
・Check yur hard drive
・次のファイルが存在しないかまたは壊れている

などの表示が出ます。

＊

　パソコンは、最初にマザーボード上の「BIOS データ」を読み込み、その後で HDD の中の Windows などの「OS」（オペレーティング・システム）のデータを読み込んでいます。

　そのため、HDD が傷んでアクセスできない＝読み込めなくなると、

> 「HDD がちゃんと入っているか確認してね」
> 「HDD が入っているのに読み込めないのなら HDD が正常な状態じゃないかもよ」

という内容の「ブルースクリーン・エラー」が表示されます。

　これも、HDD を新しいものに交換して、中のデータが無事ならそのまま移行、もしくは修復。　もしデータが移行できないほど破損していたら「リカバリー」、または Windows などの「OS」の「クリーンインストール」となります。

起動の途中から真っ暗になる

パソコンメーカーのロゴまではちゃんと表示されるのに、そこから先が真っ暗になってしまい、何も表示されない場合。

また、「Operating System Not Found」「Press any key to boot from CD or DVD……」といった、黒い背景に白い文字でエラーメッセージが表示される場合も、**HDD が傷んで Windows の起動データが読み込めなくなっている**のかもしれません。

図3 「ブートエラー」の一例

パソコンは、前述のとおり、HDD の中の Windows のデータを読み込みます。

そのため、HDD が傷んで Windows データが破損していると Windows が起動せず、「メーカーのロゴから先が出てこない」「OS エラーのメッセージが出る」といった不具合につながります。

これも、HDD を新しいものに交換して、中のデータが無事ならそのまま移行、もしくは修復。もしデータが移行できないほど破損していたら、リカバリーもしくは Windows OS などの「クリーンインストール」となります。

*

また、こうした「ブートエラー」の原因が HDD などのデータ保存部品ではなく、ブートを選択する**「マザーボード基板」側の故障**である場合もあります。

その場合は「マザーボード」上の、「HDD コントローラ」などの部品を修理することになります。

　「マザーボード基板」とは、小さな部品が密集して搭載されている金属の板なのですが、機種や製造ロットによって、搭載されている部品の仕様もさまざまです。

　そのため、われわれの場合は、修理の際には、まず PC 型番からおおよその部品を調べて、概算のお見積りを出します。

　そして、実際に預かって内部の部品仕様を見て、事前お見積りから変更になる場合は改めてお見積り、修理可否をお伺いすることになります。

変な画面が出て他の操作ができない

　電源を入れ、メーカーのロゴが出て、デスクトップ画面が出て……という通常の動作ではなく、有料登録を促す画面や、アダルトコンテンツの画面が表示されたり、勝手に英語のサイトに接続されてしまったりといった動作しかできなくなることがあります。

　こういった場合は、**なんらかのコンピューターウイルスに感染している**可能性が高いです。

図4　広告ウイルスの一例

　ウイルスを駆除すれば元通りの状態で使えますが、ごくまれに「OS」の起動データなどの重要なファイルがある場所まで入り込み、大切なファイル

を削除していたり、通常の方法では駆除できなかったりすることもあります。

そんなときは「リカバリー」が必要です。

工場出荷時の初期データ状態に戻ってしまうので、日頃から大切なデータは「外部メディア」や「外付け HDD」にコピーして、バックアップを取っておくと安心です。

液晶画面がかなり見えづらい

よく見ると動いているけれど、液晶画面が暗くなってかなり見づらい場合。

図5
液晶表示不具合の一例

こうした症状であれば

・液晶の光源である「バックライト」が切れた
・LED 液晶パネルの「LED」が切れた
・光源に電圧を送っている「インバーター」が壊れた

といった原因が多いです。

「バックライト交換」「インバーター修理」「液晶パネル交換」などによって改善されます。

電源ボタンを押すと動いている気配はする

　画面に何も表示は出てないけど、ファンが回って風は出ているし、HDD を読み込むような音もする、という場合。

　表示だけが出ていない状態なのか、それともシステムが起動していない状態なのか。

　バックライトか、液晶パネルか、液晶ケーブルか、それともマザーボードのグラフィックか。

　HDD や SSD か、マザーボードの電源回路か。

　さまざまな故障原因が考えられるため、**故障原因の推測がかなり難しい**状態です。

＊

　HDD の故障だった場合の注意点は以下の通り。

・シャットダウンと再起動を繰り返す
・起動の途中から真っ暗になる
・HDD のエラーメッセージが出る

　こういった HDD の不良の場合、起動させるごとに HDD の破損度合いが悪化していきます。

　破損が進むほどに内部のデータを新しい HDD に移せる可能性も減っていきます。

　まだ起動する状態であれば、大切なデータを他の記憶装置（ディスク、USB メモリ、外付け HDD など）にコピー移行しましょう。

　データのバックアップが終わったら、あとは電源を入れないようにして、早めに修理を検討してください。

PC の故障を予防するためには

機械なのでどうしても不意に壊れてしまうことはありますが、普段から扱い方に注意しておくと防げる故障もあります。

■ 長時間スリープ状態にしない

常に「スリープ」と「復帰」を繰り返し、完全にシャットダウンしないまま使っていると、常に電源部品に負荷がかかっている状態になり、部品寿命が短くなります。

個人的には、2、3 時間以上使わないならシャットダウンしたほうがいいと思います。

また、通常であれば Windows のアップデートは電源をシャットダウンする際に自動で始まるため、かなり久しぶりに電源を切ると、一気にアップデートが入ってしまいます。

すると、大きなデータを処理するために負荷がかかるので、HDD などのデータ保存部品が経年劣化などで弱っていた場合には、トドメになるダメージを与えてしまうことがあります。

■ 「USB コネクタ」に無駄なアクセサリをつけない

「USB ポート」に挿して使うタイプの「アロマ加湿器」や「ミニ扇風機」など、作業環境を快適にするために使っている方も大勢いる「USB アクセサリ」。

大元の電源に加えて「USB アクセサリ」にも給電することになるので、複数取り付けて無理をさせると「電源ユニット」や「電源回路」が破損します。

必要がないものは、きちんとポートから取り外してください。

127

■ 電源を入れたまま持ち運ばない

　電源を入れたまま持ち運ぶと、HDD や DVD ドライブ故障の原因になります。

　特に HDD は、起動中のディスクが回り続けたままの状態で傾けたり、振動を与えたりすると、「物理的な破損」と「データ的な破損」(データの読込不良や消失) のどちらも発生する可能性があります。

　また、使用中に持ち運んでいて、うっかり落としてしまった場合には、電源を切った状態で落としたときと比較にならないほど破損状態が酷くなりやすいです。

　電源が入っていなければ、壊れるとしても「外装のキズ」や、悪くても「液晶パネル割れ」や「マザーボード上の部品剥がれ」くらいで済むのですが、電源が ON の状態だと HDD、CPU、電源回路といった、稼働中の部品にまでダメージが通ってしまいます。

＊

「ここからあそこの机までちょっと運びたいだけなんだけど」という場合には、できるだけ水平を保ってゆっくり運んでください。

　それ以上の距離を移動するときには、必ず電源を切って運んでください。

■ ホコリや汚れを防ぐ

　パソコンは、内部のファンによって風を起こして「動作熱」を排気しています。
　しかし、ホコリや煙草のヤニで汚れた状態でパソコンを動かすと、ファンがきちんと回らずに排熱が妨げられて内部の温度が「100℃」近くになることもあります。

　高熱の発生は、動作が不安定になったり、部品が焼けてしまったり、回路

がショートしたりといった、さまざまな不具合の原因です。

　また、ファンの動作不良は騒音の原因にもなります。
　特に排熱しづらく、ホコリが入りやすい布団やカーペットの上では、極力使用を避けてください。

＊

　他にも、

・ペットを飼っているお家
・油を扱う食べ物屋さん
・掃除をしにくい場所にデスクトップパソコンの本体を置いている事務所

など、**ホコリや汚れが溜まりやすい環境**で使っている場合は、起動していないときにはカバーをかけたり、できるだけ小まめにパソコンの周りを掃除したりと、気をつけるといいでしょう。

3-2 バックアップの種類と手順

データ、環境の保存　　　　■ 英斗恋

バックアップの範囲と方法を、時間と費用とリスク低減のバランスから考えます。

「データ・ファイル」のバックアップ

毎回、PC のディスクの全イメージをバックアップすれば万全ですが、ここでは最低限、現在 PC 上で作成、保存している「データ・ファイル」を失わないようにします。

■ データ領域の「OneDrive」へのバックアップ

Windows PC ならば、「Microsoft 365 Personal」に加入すると、最新の Office ソフトを利用できるだけでなく、1T バイトの「OneDrive」の利用権がついてきます。

そのため、トータルではクラウドのみの競合サービスと比べて「お得感」があります。

あるいは、無償の「OneDrive Basic 5G」も用意されています。
とはいえ、こちらは総容量が「5G バイト」のため、すべてのファイルを保存することは難しいです。

■ バックアップ範囲の指定

「OneDrive」の機能は、バックアップというより、全 PC 間で同じ最新のファイルをもつ「sync」です。

しかし、ファイルは Microsoft の「クラウド・サーバ」に保存されるため、多くの企業が会社支給 PC のバックアップ用途として利用しています。

*

「マイ ドキュメント」フォルダを「OneDrive」のバックアップ対象に指定すれば、PC 上での作業結果がクラウドにバックアップされます。

また、筆者もそうですが、編集中のファイルをデスクトップに置きっぱなしにしている場合、デスクトップもバックアップ対象に含めます。

*

アプリの「インストール・イメージ」をバックアップしても、市販ソフトの大半は再インストールしないと動作しません。

なので、実行ファイルが入っている「C:¥Program Files」は、バックアップしなくてもかまわないでしょう。

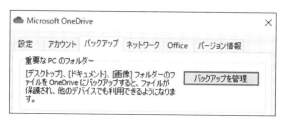

図1　画面右下の通知領域で「クラウド・アイコン」を右クリックし、設定画面から「バックアップ対象ディレクトリ」を選択

■ 履歴

「クラウド・サーバ」には差分が記録されているため、最新のファイルだけでなく、以前のファイルを復元できます。

*

Windows PC では、「OneDrive」のディレクトリ内のファイルを右クリックし、メニューから履歴を表示できます。

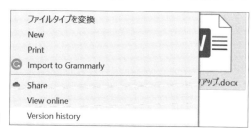

図2　メニューから履歴を表示

ファイル自体は残っているが、変更内容を元に戻したい場合に便利です。

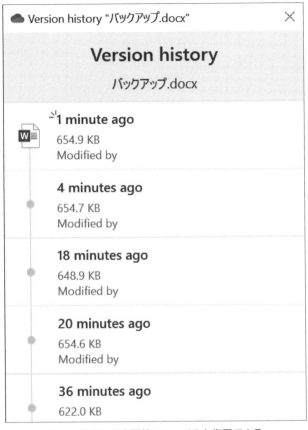

図3 履歴から変更前のファイルを復元できる

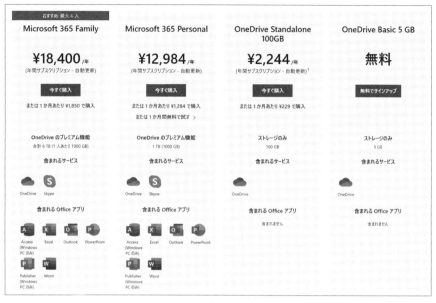

図4　料金と機能比較

■ セキュリティ

　対象ファイルが、すべて「クラウド・サーバ」に保存されると、ハッキングによる第三者への流出リスクが懸念されます

　とはいえ、現時点で「OneDrive」のサービスに関する深刻な事故は報告されていません。

　また、米国ではIT系を含む多くの大企業が「OneDrive」や「Dropbox」を基幹業務に導入しており、一定の実績があります。

＊

　個人利用では、プラットフォームのセキュリティよりも、まず、IDやパスワードを安易に推測できるフレーズにしていないか注意しましょう。

図5　「OneDrive」を導入している米国の企業数
（HG Insights 調べ、https://discovery.hgdata.com/product/microsoft-onedrive）

■ 他のクラウド・サービス

　Linux PC のバックアップならば、「Dropbox」がクラウドと「sync」する「デーモン」（バックグラウンド・タスク）を提供しており、多くの利用実績があります。

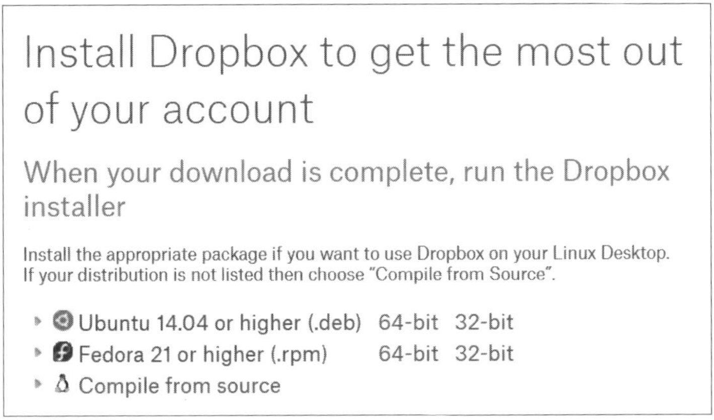

Install Dropbox to get the most out of your account

When your download is complete, run the Dropbox installer

Install the appropriate package if you want to use Dropbox on your Linux Desktop. If your distribution is not listed then choose "Compile from Source".

- Ubuntu 14.04 or higher (.deb)　64-bit　32-bit
- Fedora 21 or higher (.rpm)　　64-bit　32-bit
- Compile from source

図6　Linux PC 用の Dropbox ツール
（https://www.dropbox.com/install-linux）

ディスク全体のバックアップ

Windows OS や「ブート・イメージ」が収納されているディスクのイメージが破損した場合に備え、ディスク全体のイメージをバックアップしておくといいでしょう。

■「OS」の「リカバリ・ディスク」がない場合

「SSD」や「ハードディスク」の物理的な損傷や、新しい製品への（予防的な）交換では、まず「OS」をインストールし、その後、クラウド上の「ユーザー・ファイル」を復旧させます。

しかし、近年の市販 PC の大半は、「OS」の「リカバリ・ディスク」を同梱しておらず、「OS」の再インストール自体ができません。

初期セットアップ時に「リカバリ・ディスク」の作成案内が表示されても、正直なところ、大半の方は「リカバリ・ディスク」を作らず、「とりあえず」PC を使い始め、そのまま使い続けているでしょう。

■ 回復パーティション

不正な「パッチ」や「ドライバ」をインストールしてしまい、Windows OS の起動に純ソフトウェア上の問題が生じたときに、「OS」を再インストールできるよう、通常使用する「C ドライブ」とは別に**「回復パーティション」**が用意されています。

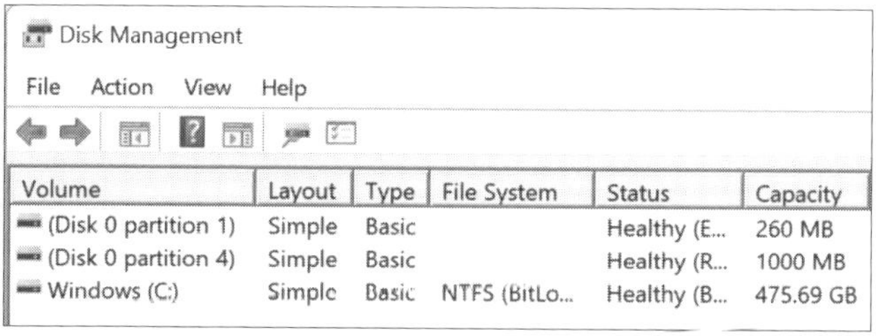
Disk Management
File Action View Help
Volume Layout Type File System Status Capacity
(Disk 0 partition 1) Simple Basic Healthy (E... 260 MB
(Disk 0 partition 4) Simple Basic Healthy (R... 1000 MB
Windows (C:) Simple Basic NTFS (BitLo... Healthy (B... 475.69 GB

図 7 「ThinkPad nano」のパーティション

　しかし、ディスクが物理的に損傷し、「回復パーティション」も読み出せなくなった場合、「リカバリ・ディスク」を作っていなければ、PCを復旧できません。

　そのため、「ディスク・イメージ」を外部の「ハードディスク」にバックアップし、必要なときにPCに書き戻す「バックアップ・ソフト」が市販されています。

■ バックアップ・ソフト

　今回紹介する「HD革命/BackUp Next」は、「(株)アーク情報システム」が開発し、「ファンクション(株)」が販売する、「バックアップ・ソフト」です。

　長年販売されており、PC本体や記憶装置が進化する中、長期間の使用でも安心できます。

　機能や価格は、

・「バックアップ対象のPCの台数
・法人向けか、個人向けか
・パッケージ版か、ダウンロード版か

といった違いで、異なります。

図8　HD革命/BackUp Next (パッケージ版)

【公式サイト】
https://www.function-fc.com/
backupnext5.html

■ 差分バックアップ

　本製品では、全イメージを一括して外部のディスクにコピーするほかに、決まった時刻に自動的に差分をバックアップできます。

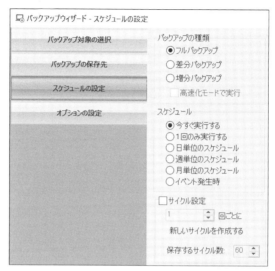

図9　「バックアップ・スケジュール」の設定画面
（HD 革命 /BackUp Next Ver.4。現行版は Ver.5）

　よって、大容量の「ハードディスク」を PC に接続しておけば、常に最新に近いイメージをリカバリできます。

■「Windows PE メディア」の作成

　PC の「システム・ディスク」がクラッシュした場合、PC が起動できなくなります。

　そうなると、本製品を PC 上で実行して、リカバリを開始することができません。

　Windows では、リカバリを開始できるよう、最低限の OS「Windows PE」の入った USB メディアを作ることができます。

しかし、この方法は専用の作成ツールを Microsoft のサイトからダウンロードして実行する必要があり、非常に煩雑です。

　本製品では、メニュー項目から「Windows PE」の「起動メディア」を作成でき、非常に助かります。

図10　「Windows PE」の「起動用ディスク」の作成画面
（HD 革命 /BackUp Next Ver.4）

3-3 PCパーツの修理や交換

「代替PCパーツ」の決め方と「修理・交換」時の注意点　■ 勝田有一朗

　パソコンに不具合が発生し、どうやら原因がハードウェアの不調であることが判明した場合、次に取る手段は、

① 修理に出す

② 買い替える

のいずれかになります。

　修理がいいか買い替えがいいかはケースバイケースですが、代理店やメーカーの保証が受けられるのであれば、修理を依頼するのが最善です。

壊れたPCパーツの修復手段

■ 保証期間内に故障した場合

　新品かつ国内正規ルートで購入したPCパーツには、基本的に最低1年以上の「保証期間」が設けられています。

　保証期間内に自然発生した故障の場合、代理店やメーカーによる無償修理を受けられる可能性が高いです。

　主だったPCパーツの保証期間の例は次のようになります。

パーツ	保証期間
CPU	国内販売のIntel、AMD製品は3年保証。
マザーボード	1～2年保証のものが多い。
メモリ	5年～永久保証と保証期間は長め。
SSD	1～5年保証。 書き込み総量がTBWを超えても保証切れに。
HDD	1～5年保証。 メーカー保証は製造日を起算日とすることが多い。
ビデオカード	1～3年保証。 メーカーによって保証期間に差がある。

電源ユニット	1〜10年保証。 グレードが上がると保証期間も伸びる傾向。
PCケース他	基本的に1年保証。

＊

PCパーツのパッケージには、取り扱い代理店の「保証シール」が貼り付けられていることが多く、そこから保証期間を知ることができます。

使用中のPCパーツの保証期間は、しっかりと把握しておきましょう。

図1　パッケージに貼り付けられている「保証シール」が重要

また、「SSD」や「HDD」のストレージ系パーツは、「代理店保証」のほかに「メーカー長期保証」が付いていることも多いです。

パーツ交換が海外メーカーと直接のやり取りになるので、ハードルは少し上がりますが、覚えておくといいかもしれません。

■ 保証を受ける際の注意事項

PCパーツの「代理店保証」を受けるには、クリアしなければいけない条件がいくつかあります。

確認を怠らないようにしましょう。

―――――――――――――――――――――――――――――――――――

①パッケージの「代理店保証シール」などを確認。

② 購入日を確認できる「レシート」や「購入証明書」を用意。

③ パッケージやパーツに貼り付けられている「シリアル・ナンバー」は剥がさない。

④ 分解行為は NG。
　ビス穴に「封入シール」のある PC パーツは、分解すると保証がなくなる。

　また、保証修理は購入した店舗への持ち込みで受け付けていますが、ネット通販の場合は、代理店やメーカーの Web サイトから直接申請するシステムが多いようです。

■ 保証期間を過ぎていたら？

　PC パーツの場合、一部のメーカーを除き、保証期間を過ぎると有償でも修理を受け付けてくれないことが多く、また有償修理可能でも修理代金がとても高額になることも多いです。

　保証期間が過ぎている場合は基本的に、「新しく買い直す」、もしくは「DIY 修理に挑戦」ということになるでしょう。

■ 結局は「代替パーツ」が必要なことも多い

　以上のように、PC パーツによっては保証期間も充分長く、無償で修理できる可能性も高いです。

　1つ問題があるとすれば、修理にかかる期間でしょうか。
　代理店やメーカーへの修理依頼が完了するまでは、平均2〜4週間ほどの期間を要する場合が多く、修理期間中もパソコンを使うには「代替パーツ」を別途用意する必要が出てきます。

　結局のところ、保証があっても PC パーツの故障トラブルを無償で乗り切

るのは、難しいのが実情でしょう。

　多くの自作 PC ユーザーが「サブ PC」と称して複数のパソコンを所持しているのは、こういった事態へ対応するためとも言えます。

＊

　では次に、「代替パーツ」はどういった目線で選べばいいのか、PC パーツ選びについて掘り下げていくことにしましょう。

「代替 PC パーツ」の決め方

■ 安価な PC パーツで一時的な代替に

　保証修理を受けて PC パーツが修理から戻ってくるまでの約 2 ～ 4 週間だけのために、高い PC パーツを導入するのは、少々もったいないと言えなくもありません。

　パソコンの用途にもよりますが、グレードを下げたパーツでの一時しのぎは、充分考慮に値します。

＊

　各 PC パーツ別に、選択のポイントをまとめてみましょう。

・CPU

　後々に動作検証用やサブ PC の「CPU」として活用したい考えがあるならば、GPU 内蔵タイプを推奨。

・マザーボード

　使用 CPU に対応するかをよく確認。

　代替用途であれば安価な「マザーボード」で問題ないが、「M.2 スロット数」などの必要数は要確認。

・メモリ

　最低限「16GB」（8GB × 2）を用意。

・SSD/HDD

交換元のストレージと同容量以上のものを選択すること。

・ビデオカード

「NVIDIA GeForce GTX 1650」や「AMD Radeon RX 6400」のような「補助電源なしビデオカード」は、何かと役に立つ可能性が高い。

このような機会に所持しておくのはアリ。

図2 「PULSE Radeon RX 6400 GAMING 4G GDDR6」（SAPPHIRE）
1万円台中盤から購入できる「補助電源無しビデオカード」。サブ用途にもピッタリ。

・電源ユニット

「電源ユニット」に関しては、一時しのぎでも無暗に安価なものは避けたい。

1つの例だが、5〜10年と長めの保証期間をもつ製品を目安に選定すれば、後々使い続けられる「予備電源ユニット」としても重宝するだろう。

＊

「代替パーツ」については、後々の予備パーツ運用やサブPC運用といった用途まで視野に入れて選んでいけば、PCパーツ故障というネガティブな心情も多少晴れることでしょう。

■ 故障を機に性能アップを図る

　PCパーツ購入時からある程度時間が経過しているのであれば、現行世代へアップグレードする良い機会だと捉えてしまいましょう。

　ただ「CPU」や「マザーボード」の故障だった場合、「CPU ＋ マザーボード ＋ メモリ」を、一式まとめて交換する必要性が高くなります。

　そのため、懐具合によっては故障部分だけを中古から探し出して、出費を最小限に抑える選択肢もアリです。

　なお、PCパーツ故障の交換目的として考えた場合に中古品でも大丈夫かどうか、1つの目安を次にまとめておきます。

パーツ	中古品の可否
CPU	○
マザーボード	○
メモリ	○
SSD	×
HDD	×
ビデオカード	△
電源ユニット	×
PCケース、ファンほか	×
○：経年劣化が少なく、中古でも問題なし。 △：予算が厳しい場合は中古の選択肢も。 ×：基本的に中古は推奨せず。	

　ちなみに、この判定は動作確認があり短期保証も付く大手中古ショップで購入した場合を想定しています。

交換作業の注意点

■ PC 組み立て時と同じ注意を

次に、新しい PC パーツと交換する際の注意点をいくつか紹介していきましょう。

*

交換作業自体は、基本的に自作 PC の組み立て時と同じ注意点が当てはまります。

特にクリティカルな注意点は、次の通り。

・CPU スッポン

「AMD 系 CPU」では、「CPU クーラー」の取り外し時に「CPU」も一緒に抜ける、「CPU スッポン」に注意。

・LGA ソケットピン

「Intel 系 CPU」の「LGA ソケットピン」は非常にデリケート。

ソケット周りの「CPU グリス」を除去しようとしてティッシュが軽く触れただけでも「ピン折れ」の危険性が。

・「PCI Express スロット」のロック機構

「ビデオカード」の着脱時には、「PCI Express スロット」のロック機構操作を忘れないように。

■ 「電源ユニット」の「プラグインケーブル」の流用は絶対に NG

昨今、「電源ユニット」から伸びるケーブルを「プラグイン方式」とする「電源ユニット」が増えています。

この「プラグインケーブル」は、「付属する電源ユニット専用」のもので、汎用品ではありません。

横着して、「プラグインケーブル」を残したまま「電源ユニット」だけ交

換する、といったことを思いつくかもしれませんが、これは絶対の NG 行為にあたります。

　たとえ同じメーカーの「電源ユニット」だとしても、OEM 元が異なれば、まったく別物なので「プラグインケーブル」の流用はできないのです。

　「プラグインコネクタ」の形状自体は同じでも、「ピンアサイン」が異なれば最悪、火災の原因になりかねません。

図3　「電源ユニット」と「プラグインケーブル」は対の存在

■「マザーボード」や「CPU」の交換で起きやすいトラブル

　「Windows 10/11」といった昨今の Windows は、「OS」がインストールされたストレージを新しい「マザーボード」に付け替えるだけで、以前の環境のまま動作します。

　このおかげで故障時の復旧も大変楽になったのですが、いくつかトラブルが発生することもあります。

*

　最後にそのトラブル例をいくつか紹介しておきましょう。

・Windows が起動しない

「マザーボード」の「ブートモード」には、「UEFI」と「Legacy BIOS」があり、インストールされている Windows と同じモードでなければ起動しない。

「ブートモード」は、BIOS 設定画面で変更可能。

・TPM 情報

「Windows 11」から必須条件となった「TPM」は、ストレージ暗号化技術「BitLocker」などで用いられる機能。

「マザーボード」や「CPU」を交換すると「TPM 情報」が変更されるので、以前の環境で暗号化したストレージの復号化ができなくなる旨の警告が表示されることがある。

「BitLocker」不使用ならば新しい「TPM 情報」で書き換えて問題はないが、「BitLocker」を使っていた場合、あらかじめ「回復キー」を取得しておかないと、暗号化したストレージにアクセスできなくなってしまうので注意。

・「Windows ライセンス」について

「マザーボード」の交換時の Windows 再インストールは不要になったが、「マザーボード」の交換後は新しいパソコンとして認識されるので「Windows ライセンス」の再認証が必要。

Microsoft アカウントに紐づけした「デジタルライセンス」を利用していれば、再認証もスムーズに処理できるのでお勧め。

3-4　故障したときのための備え

「何が失われるのか」を把握する　　■某吉

PCは故障してしまうことがあります。
ここでは「故障したときのための備え」について考えていきます。

故障への備えとは

PCが故障すると、普段は利用できていたネットやファイルが使えなくなり、作業が進められず、困ることになります。

困難を回避するためには、故障した状況をあらかじめ想定し、備えることが必要です。
故障へ備えることで、作業の停滞やデータの損失を最小限にすることができます。

また、対策を事前に準備することで、いざというときに「何をすればいいか」を把握することもできます。

故障の種類

一言で「故障」と言っても、さまざまなタイプの故障があります。
PCの場合は「ハードウェアの故障」と「ソフトウェアの故障」です。

■ ソフトウェアの故障

たとえば、「画面が出ない」という不具合がある場合、「画面出力」に関係するソフトウェアは、「ドライバ」「OS」「アプリケーション」などです。
そのいずれかに不具合があっても「画面が出ない」という現象になります。

＊

最近は「自動アップデート」があるので、今まで動いていた環境でも突然動かなくなることはあります。

　そのため、ソフトウェア更新があった場合には、その更新に対する不具合の情報収集も行ないましょう。

　「OS」やソフトウェアは、特別な理由がない限り、新しいものに揃えておくとセキュリティや不具合への対策になります。

＊

　つまり、ソフトウェアの故障への備えは、**「OS やドライバ、ソフトウェアをなるべく最新版に更新する」**ということです。

■ ハードウェアの故障

　ソフトウェア側に問題がなく、ケーブル接続にも問題がない場合は、ハードウェアの不具合の確認を行ないましょう。

＊

　ハードウェアの不具合では、「ファイルにアクセスできなくなる」場合があります。

　たとえば、「ディスクは正常でも画面が出力されない」という状態は、そのままではファイルにアクセスできない状態なので、何らかの修理が必要になります。

　メーカー PC の修理は、PC のケースを開けた場合、保証が無効になる場合がありますので、まずはサポートに連絡を行ない、その流れで修理を依頼するのが一般的です。

＊

　ハードウェアの修理を行なう場合、工程の一部でディスクの内容が消去される可能性があります。

　ハードウェアの故障への備えは、**「ファイルを定期的にバックアップする」**ということです。

自作 PC の修理

自作 PC の場合は、基本的にユーザーが部品ごとに交換できるので、部品の交換で対処します。

不具合のある部品の判断が難しい場合は、PC の部品を最小限の構成にして、1 つずつ動作を確認していきます。

自作 PC の部品の場合は、初期不良や保証期間内には販売店やメーカーに問い合わせるとサポートが受けられる場合があります。

また一部の PC パーツ専門店では、自作 PC を取り扱う修理サービスもあります。
自分で修理するのが難しい場合は、そのようなサービスを頼むのがいいかもしれません。

故障して失われるもの

ファイルのバックアップの必要性は、PC が故障したときに、「何が失われるのか」を把握することで理解できます。

その状況への対策として「バックアップ」を行なうことで、その後のダメージは軽減可能です。

*

まず、故障したときの最もよくない状態は、PC が「完全に動作しない」という状態です。
この場合、PC の中に入っている「すべてのデータ」にアクセスできなくなります。

特に、ローカル (PC 本体) のみに保存してあるもの、たとえば、絵や音楽、文章などの「自分が PC で作ったファイル」は、どこかネット上や別のディスクに保存していない限り、そのファイルしかありません。

その場合、故障するとそのファイルは二度と使えない可能性があります。

■ クラウドへの保存

ネット上にファイルを保存する方法の一つとして、「クラウド化」があります。

Windowsの標準的な「クラウド・ドライブ機能」である「OneDrive」では、「デスクトップ」や「ドキュメント」などの基本的なフォルダをクラウドに同期保存する設定もあります。

*

「クラウド・ドライブ」の注意点として、

・同期の不具合でファイルが消える可能性がある
・大きなサイズのファイルは通信量が増える
・「クラウド・ドライブ」はローカルとは異なるサービス上の容量制限がある
・サービスが終了する場合がある

などがあります。

*

クラウドへの保存は、複数の環境からのデータ参照がしやすい部分はありつつも、長期的なデータの保存先としては不完全なので、別ディスクへのバックアップも併用することをお勧めします。

図1 「OneDrive」に基本的なフォルダをバックアップできる

■ ファイルのバックアップ

　ローカルに保存したファイルが失われることに対する備えとして、**「外付けディスク」** などに**ファイルを定期的にコピーする**ことが挙げられます。

　これを「バックアップ」といいます。

　1つの方法として、「DVD-R」「BD-R」などの「光ディスク」に記録する方法があります。

　「光ディスク」は長期保存にも比較的向いていて、長期保存用の専用ディスクやドライブもあります。

　図2　長期保存用光ディスク
　　　「M-DISC」

*

　最近では、PCで取り扱うファイルが肥大化する傾向にあり、光ディスクには入り切らない可能性があります。

　そのような場合は、「HDD」を使いましょう。

　「HDD」は寿命があるので、複数の異なる媒体にコピーを繰り返すのが、現状にあった方法と言えます。

*

　注意すべき点として、「SSD」や「USBメモリ」などの「フラッシュメモリ」を使った製品は、長期保存には向かないとされています。

　特に「USBメモリ」は内容が壊れやすいと言われているので注意が必要です。

■ ファイル履歴

Windows の標準機能に「ファイル履歴」というバックアップ機能があります。

この機能はファイルを一定の頻度で、「外付けドライブ」や「ネットワーク・ドライブ」に自動的に保存することができます。

「Windows 11」では、設定画面には表示されませんが、コントロールパネルで設定可能です。

図３　ファイル履歴の設定画面

環境の多重化

故障への対処法の一つとして、「サブマシンの構築」があります。

メインマシン以外にもう一台、独立して動作する PC 環境を構築します。
これによって、一台の PC が動かなくなってもすぐに作業を再開可能です。

複数台の構成例として、「高性能なデスクトップ PC」と「持ち運び可能なノート PC」という、2 台の構成があります。

*

複数台を使う環境では、各ソフトウェアの「ライセンス」に注意が必要です。

・複数台にインストールできるもの
・複数台にインストールは可能でも、同時起動ができないもの
・複数台にインスト－ル不可なもの

があります。

ディスクの故障に備える

PC は、ディスクにデータを保存します。

「ハードディスク」は、「ドライブのアクセス時に異音がする」など、耳で故障が分かる場合もあります。

一方、「SSD」の場合は、可動する部品がないので異音もせず、書き換え回数に上限があるという特性によって、ゆっくり壊れていきます。

いずれにしても、PC の記録媒体には寿命があります。

*

故障については、**「S.M.A.R.T.」**という自己診断情報で予兆を得られる場合もあります。

この情報によって、怪しい兆候や寿命に近い状態が見られる場合は、ディスクを交換しましょう。

図4　「SSD」の状態を知ることができるツール

デバイスの暗号化

PCが故障した場合、記憶媒体を取り出して別のPCからファイルを取り出すことがあります。

その場合に注意したいのは、**「デバイスの暗号化」**という機能です。

*

この機能は、特定の条件でシステムディスクを自動的に暗号化します。

これによって、ディスクを取り出して外部からファイルを取り出すことが難しくなり、情報漏洩を守ることができるのです。

とはいえ、完全にドライブからデータを取り出せないかというと、そうではありません。

別のPCに接続した場合、「回復キー」を使って復号できます。

「デバイスの暗号化」では、Microsoftアカウントに「回復キー」が保存されるため、それを使うことで復号できるのです。

■ 暗号化の要件

「デバイスの暗号化」は、次のような要件を満たしている場合、PCの初期セットアップ完了時に自動的に暗号化されるようです。

- ファームウェアは「UEFI」
- 「SecureBoot」が有効
- 「TPM」が有効
- 「コア分離」が有効
- Microsoftアカウントで Windows にサインイン

この要件は、「Windows 11」の最小システム要件と重なります。

よって、「Windows 11」を標準搭載した PC では、基本的にドライブが暗号化されると考えたほうがいいかもしれません。

PC の処分を考える

修理が難しい PC や部品は、処分しましょう。

*

処分の方法は、地域や自治体によって異なる場合があります。

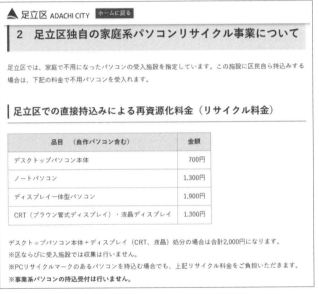

図5　不要 PC の受入施設を指定している自治体もある

一部の大手家電量販店では「小型家電リサイクル法」によって、PC の回収を行なっています。

また、自治体によっては小型家電の回収ボックスが利用できる場合もあります。

*

PC を破棄する場合は、ディスク内に個人情報が含まれることがあるので注意が必要です。

　ディスクにあるデータは、ユーザー自身ができる限り消去を行ないましょう。

　PC の処分時にデータ消去を行なってくれる PC リサイクルのサービスもあります。

　不安がある場合は、そのようなサービスを利用するといいでしょう。

索 引

[執筆者一覧]

・PC ショップ「ドスパラ」
・英斗恋
・勝田　有一朗
・瀧本往人
・なんやら商会
・パソコン修理のエヌシステム
・某吉
・本間　一

≪質問に関して≫

本書の内容に関するご質問は、

①返信用の切手を同封した手紙
②往復はがき
③FAX(03)5269-6031
　(ご自宅のFAX番号を明記してください)
④E-mail　editors@kohgakusha.co.jp

のいずれかで、工学社I/O編集部宛にお願いします。
電話によるお問い合わせはご遠慮ください。

I/O BOOKS

今知りたいパソコンガイド
「PCパーツの"読み方"」から「故障対策」まで

2022年11月25日　初版発行　ⓒ 2022	編　集	I/O編集部
	発行人	星　正明
	発行所	株式会社 **工学社**
		〒160-0004 東京都新宿区四谷4-28-20 2F
	電　話	(03)5269-2041(代)[営業]
		(03)5269-6041(代)[編集]
※定価はカバーに表示してあります。	振替口座	00150-6-22510

[印刷] シナノ印刷(株)　　　　　　　　　　　ISBN978-4-7775-2223-1